环保科普丛书

"十三五"国家重点图书出版规划项目

畜禽养殖

污染防治知识问答

CHUQIN YANGZHI WURAN FANGZHI ZHISHI WENDA

环境保护部科技标准司
中国环境科学学会 主编

中国环境出版集团·北京

图书在版编目（CIP）数据

畜禽养殖污染防治知识问答 / 环境保护部科技标准司，中国环境科学学会主编 . -- 北京：中国环境出版集团，2018.9
（环保科普丛书）
ISBN 978-7-5111-3246-8

Ⅰ．①畜… Ⅱ．①环… ②中… Ⅲ．①畜禽－养殖业－污染防治－问题解答 Ⅳ．① X713-44

中国版本图书馆 CIP 数据核字 (2017) 第 148779 号

出 版 人　武德凯
责任编辑　沈　建　董蓓蓓
责任校对　任　丽
装帧设计　宋　瑞

出版发行　中国环境出版集团
（100062 北京市东城区广渠门内大街 16 号）
网　　址：http://www.cesp.com.cn
电子邮箱：bjgl@cesp.com.cn
联系电话：010-67112765（编辑管理部）
发行热线：010-67125803，010-67113405（传真）
印　　刷　北京中科印刷有限公司
经　　销　各地新华书店
版　　次　2018 年 9 月第 1 版
印　　次　2018 年 9 月第 1 次印刷
开　　本　880×1230 1/32
印　　张　4.25
字　　数　100 千字
定　　价　22.00 元

《环保科普丛书》编著委员会

《畜禽养殖污染防治知识问答》编委会

主　　编：席北斗

副 主 编：杨天学　卢佳新

编　　委：（按姓氏拼音排序）

陈永梅　黄彩红　李英军　李东阳　李　琦

魏自民　王丽君　王明慧　徐　胜　夏训峰

余　红　杨　勇　赵　越　张　颖

编写单位：中国环境科学学会

中国环境科学研究院

绘图单位：北京点升软件有限公司

《环保科普丛书》序

我国正处于工业化中后期和城镇化加速发展的阶段，结构型、复合型、压缩型污染逐渐显现，发展中不平衡、不协调、不可持续的问题依然突出，环境保护面临诸多严峻挑战。环保是发展问题，也是重大的民生问题。喝上干净的水，呼吸上新鲜的空气，吃上放心的食品，在优美宜居的环境中生产生活，已成为人民群众享受社会发展和环境民生的基本要求。由于公众获取环保知识的渠道相对匮乏，加之片面性知识和观点的传播，导致了一些重大环境问题出现时，往往伴随着公众对事实真相的疑惑甚至误解，引起了不必要的社会矛盾。这既反映出公众环保意识的提高，同时也对我国环保科普工作提出了更高要求。

当前，是我国深入贯彻落实科学发展观、全面建成小康社会、加快经济发展方式转变、解决突出资源环境问题的重要战略机遇期。大力加强环保科普工作，提升公众科学素质，营造有利于环境保护的人文环境，增强公众获取和运用环境科技知识的能力，把保护环境的意识转化为自觉行动，是环境保护优化经济发展的必然要求，对于推进生态文明建设，积极探索环保新道路，实现环境保护目标具有重要意义。

国务院《全民科学素质行动计划纲要》明确提出要大力提升公众的科学素质，为保障和改善民生、促进经济长期平稳快速发展和社会和谐提供重要基础支撑，其中在实施科普资源开发与共享工程方面，要求我们要繁荣科普创作，推出更多思想性、群众性、艺术性、观赏性相统一，人民群众喜闻乐见的优秀科普作品。

环境保护部科技标准司组织编撰的《环保科普丛书》正是基于这样的时机和需求推出的。丛书覆盖了同人民群众生活与健康息息相关的水、气、声、固体废物、辐射等环境保护重点领域，以通俗易懂的语言，配以大量故事化、生活化的插图，使整套丛书集科学性、通俗性、趣味性、艺术性于一体，准确生动、深入浅出地向公众传播环保科普知识，可提高公众的环保意识和科学素质水平，激发公众参与环境保护的热情。

我们一直强调科技工作包括创新科学技术和普及科学技术这两个相辅相成的重要方面，科技成果只有为全社会所掌握、所应用，才能发挥出推动社会发展进步的最大力量和最大效用。我们一直呼吁广大科技工作者大力普及科学技术知识，积极为提高全民科学素质做出贡献。现在，我们欣喜地看到，广大科技工作者正积极投身到环保科普创作工作中来，以严谨的精神和积极的态度开展科普创作，打造精品环保科普系列图书。衷心希望我国的环保科普创作不断取得更大成绩。

从书编委会

二〇一二年七月

前言

随着经济的发展，我国传统的家庭式养殖，逐渐转变为集约化、规模化、商品化养殖，畜禽养殖总量大幅跃升，畜禽养殖业发展迅速，已经成为农村经济最具活力的增长点，对保障消费者“菜篮子”供给、促进农民增收致富具有重要意义。但是，由于我国畜禽养殖业发展缺乏必要的引导和规划，更多的是自发地、单纯地面向市场需求自由发展，导致我国畜禽养殖业布局不合理、种养脱节，部分地区养殖总量超过环境容量，加之畜禽养殖污染防治设施普遍配套不到位，大量畜禽粪便、污水等废弃物得不到有效处理并进入循环利用环节，导致环境污染。第一次全国污染源普查数据表明，畜禽养殖业 COD、总氮、总磷的排放量分别为 1 268 万 t、106 万 t 和 16 万 t，分别占全国总排放量的 41.9%、21.7% 和 37.7%，分别占农业源排放量的 96%、38% 和 65%。近年的污染源普查动态更新数据显示，畜禽养殖污染物排放量在全国污染物总排放量中的占比有所上升。可见，畜禽养殖污染物减排已不容小觑，攸关国家节能减排目标的实现，攸关国家生态环境质量的整体改善。

畜禽养殖业所排放的污染物包含粪便及其分解产物、伴生物和添加物，不仅滋生包括病原微生物和寄生虫卵等伴生物，还会散发氨、硫化氢、挥发性脂肪酸、酚类、醛类、胺类、硫醇类等恶臭刺激性臭气，对环境造成严重影响。

本书基于畜禽养殖的基本知识和畜禽养殖所造成的污染问题，从畜禽废弃物污染控制需求、主要处理及资源化利用技术、配套的管理技术，以及公众参与的方式方法等方面进行简单阐述，并通过插图对内容进行简单明快地表达，旨在为读者提供基本的畜禽养殖废弃物污染防控及资源化利用技术普及资料。

在本书的编写过程中，中国环境科学研究院委派专家参与编写工作，提供了大量的基础数据和资料，在此一并感谢！由于水平有限，时间仓促，书中缺点错误在所难免，敬请专家、读者批评指正。

编者

二〇一八年六月

目录

第一部分 基础知识 1

第二部分 畜禽养殖与环境污染 9

CHUQIN YANGZHI WURAN FANGZHI

畜禽养殖污染防治 ZHISHI WENDA 知识问答

第一部分 基础知识

1. 畜禽有哪些？

畜禽指可供发展畜牧业的牲畜和家畜。牲畜包括猪、牛、羊等，家禽包括鸡、鸭、鹅等，是人类主要的动物蛋白来源。

2. 什么是畜禽养殖？

畜禽养殖是指利用畜禽等已经被人类驯化的动物，通过人工饲养、繁殖，使其将牧草和饲料等植物能转变为动物能，以取得肉、蛋、奶、毛、绒、皮等畜禽产品的生产过程。

畜禽养殖是指利用畜禽等已经被人类驯化的动物，通过人工饲养、繁殖，使其将牧草和饲料等植物能转变为动物能，以取得肉、蛋、奶、毛、绒、皮等畜禽产品的生产过程。

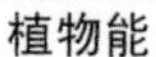
植物能

动物能

3. 畜禽养殖的方式有哪些？

我国目前的畜禽养殖有很多种方式，最主要的有传统的散户养殖和近年逐渐发展起来的规模养殖（主要是规模养殖场和养殖小区）。

散户养殖　　规模养殖

我国目前的畜禽养殖有很多种方式，最主要的有传统的散户养殖和近年逐渐发展起来的规模养殖（主要是规模养殖场和养殖小区）。

规模化畜禽养殖场是指经当地农业、工商等行政主管部门批准，具有法人资格的养猪、奶牛、蛋鸡、肉鸡的养殖场。具有一定的规模，指标是猪出栏大于或等于500口；奶牛存栏大于或等于100头；肉牛出栏大于或等于200头；蛋鸡存栏大于或等于20 000羽；肉鸡出栏大于或等于50 000羽。

散养大多以家庭为生产单位，畜禽养殖管理粗放，有啥喂啥，优质粗饲料使用率低。主要是自家承包的土地种植畜禽养殖用饲料作物，一般不雇用其他劳动力，粗饲料基本能够自给。这种模式其生产技术水平、管理水平和养殖效益较低。

4. 什么叫养殖小区？

养殖小区是20世纪末期产生的一种中国特有的畜禽养殖模式。

养殖小区是20世纪末期产生的一种中国特有的畜禽养殖模式。其主要特点是农户将各自的畜禽迁移到系统规划、合理布局的特定区域从事养殖，这个特定区域称为小区，由养殖大户、政府或有一定实力的个人管理经营。农户的畜禽在小区里各自的区域由农户自主饲养，小区统一修建各种配套设施，肉、奶、蛋等养殖产品统一交售给相关企业。小区还给园区里的养殖户提供统一采购粗饲料、技术及后勤等服务，农户按其饲养规模向养殖小区缴纳一定的管理费用。

5. 什么叫生态养殖?

生态养殖是指运用生态学原理，保护水域生物多样性与稳定性，合理利用多种资源，以取得最佳的生态效益和经济效益。

生态养殖是在我国农村大力提倡的一种生产模式，其最大的特点就是在有限的空间范围内，人为地将不同种的动物群体以饲料为纽带串联起来，形成一个循环链，目的是最大限度地利用资源、减少浪费、降低成本。例如，利用无污染的水域（如湖泊、水库、江河）及天然饵料，或者运用生态技术措施，改善养殖水质和生态环境，按照特定的养殖模式进行增殖、养殖，投放无公害饲料，不施肥、不洒药，从而生产出无公害、绿色和有机三种不同层次的食品。

6. 养殖场和养殖小区有区别吗？

养殖小区与养殖场，都是养殖场所。依照2014年1月1日生效施行的《畜禽规模养殖污染防治条例》（国务院令第643号），畜禽养殖场和养殖小区是指达到省级人民政府设定的产能规模标准的畜禽养殖场所（注意：是场所，即一个连续围墙或边界范围之内专门从事畜禽养殖活动的场所，而并非地理概念上的一个区域）。两者的根本区别在于其中的经营主体是否唯一。养殖小区是由多个养殖主体在一个统一建设的场所内从事养殖活动的一种形式，与经营主体是否是合作社无关；而养殖场的经营主体则是唯一的，由一个单位、个人或者合作组织进行经营。

7. 畜禽养殖会产生哪些废弃物?

畜禽养殖废弃物主要产生于畜禽养殖过程中，广义上包括畜禽养殖过程中产生的粪便、尿、垫料、冲洗水、动物尸体、饲料残渣和臭气等；狭义上包括畜禽粪便和尿液以及冲洗水等。

第二部分
畜禽养殖与环境污染

8. 畜禽养殖污染的特点是什么?

（1）产生量大。由于我国是畜禽养殖大国，因此畜禽废弃物产生和排放量相当巨大。根据污染源普查动态更新调查数据，2010 年我国畜禽养殖业的化学需氧量、氨氮排放量分别达到 1 148 万 t、65 万 t，占全国排放总量的比例分别为 45%、25%，分别占农业源的 95%、79%，畜禽养殖污染已成为环境污染的重要来源。

（2）治理难度大。目前，由于养殖场分布范围广，无法做到集中处理，导致畜禽养殖废弃物处理率不高；另外，由于畜禽养殖业仍属于微利行业，企业投入粪污处理的资金也不足。

（3）污染物可资源化。畜禽养殖废弃物中含有氮、磷、钾以及有机物等养分，其自身是一种资源，完全可以资源化利用。

9. 目前国内养殖业污染的总体状况如何?

畜禽养殖污染已成为环境污染的重要来源，尤其是规模化畜禽养殖场（小区）和散养密集区域污染防治压力较大，形势十分严峻。

根据全国第一次污染源普查的数据，我国畜禽养殖业年产粪便约 2.43 亿 t、尿液约 1.63 t。其中，畜禽养殖业的化学需氧量（COD）排放 1 268.26 万 t，占全国总排放量的 41.9%，占农业源排放量的 96%；总氮（TN）排放 102.48 万 t， 占全国总排放量的 21.7%；总磷（TP）排放 16.04 万 t，占全国总排放量的 37.9%，占农业源排放量的 56.3%；铜（Cu）排放 2 397.23 t，占农业源排放总量的 97.8%，锌（Zn）排放 4 756.94 t，占农业源排放总量的 97.8%。

名称	排放量	占全国总排放量的比例	占农业源排放量的比例
化学需氧量（COD）	1 268.26万t	41.9%	96%
总氮（TN）	102.48万t	21.7%	
总磷（TP）	16.04万t	37.9%	56.3%
铜（Cu）	2 397.23t		97.8%
锌（Zn）	4 756.94t		97.8%

10. 畜禽养殖废弃物一定会造成环境污染吗？

不一定。只要保证粪污在贮存、处理和利用过程工艺合理，畜禽养殖废弃物不但不会造成污染，而且可以作为很好的农业资源。例如，畜禽粪尿含有大量的有机质以及氮、磷、钾等养分，经过适当的处理后，固体部分可以发酵生产有机肥，液体部分可以作为液体肥料来施肥，是一种优质、高效的有机肥，不但能提高农作物品质，而且能改善和提高土壤质量。

11. 畜禽养殖废弃物处理的哪些环节会造成污染？

在畜禽养殖废弃物产生、贮存、处理和利用过程如果工艺不合理很容易对环境造成污染。

如养猪，应采取合理、高效的清粪工艺及时将猪粪清理出猪舍，提高猪粪的清除率，并缩短猪粪在猪舍内的停留时间，否则如果猪粪在猪舍内停留时间过长，或者清粪效率不高，会导致猪舍内臭气产生量大，造成空气污染；另外，所有猪粪和污水应排入贮存设施内进行贮存，如果猪粪和污水直接存放到露天的场所或者贮存设施四周没有防渗处理，猪粪和污水很容易通过渗入周边环境而对水体和土壤造成污染；废弃物在处理过程中应采取合理措施，防止造成二次污染（如除臭措施）；粪便污水无害化处理后进行农田利用时，应注意防止氮和磷超标，畜禽粪便施用量要与当地农田土壤的负荷相适应，施粪量不能超过其可以消纳的量，另外，施肥季节应合理，否则很容易造成土壤氮污染，并造成土壤负荷过重，反而对土壤造成污染。

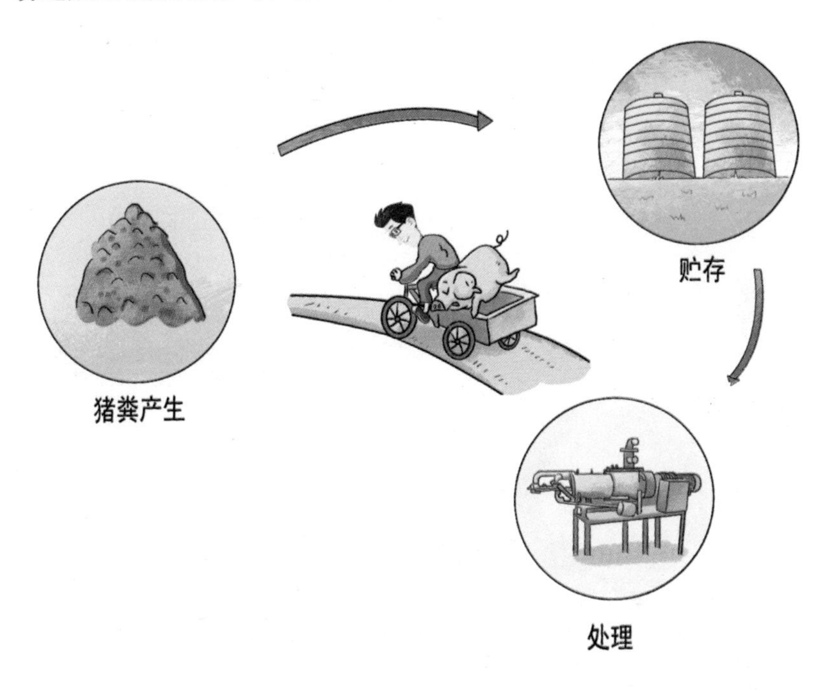

12. 畜禽养殖废弃物是怎样污染地表水的？

养殖污水中含有大量的氮和磷等营养物质，如果这些污水未经处理或处理不达标就通过径流或随降水流入河流、湖泊等地表水体中，会导致水体富营养化；水体富营养化会导致藻类过度生长，从而消耗水中的氧气，导致水体中溶解氧浓度降低，进而导致水生生物及鱼类缺氧死亡，水质进一步恶化。

此外，养殖废弃物中可能还含有病原微生物、重金属及抗生素等成分，这些污染物直接排入环境中很可能导致水体中污染物浓度增加，水质恶化，甚至影响人畜的饮水安全。

养殖污水中含有大量的氮和磷等营养物质，如果这些污水未经处理或处理不达标就通过径流或随降水流入河流、湖泊等地表水体中，会导致水体富营养化。

13. 畜禽养殖废弃物是怎样污染地下水的？

畜禽养殖废弃物如果处理不当或随意堆放，很可能会随着径流或雨水冲刷渗入地下水中，其中的氮、磷等元素可能会转化为硝酸盐和磷酸盐，日积月累，很可能会导致地下水中硝酸盐浓度增高，甚至超标。硝酸盐具有致癌性，对人类饮用水安全造成潜在风险。

14. 畜禽养殖废弃物是怎样污染大气的?

畜禽养殖废弃物中含有大量的有机物，这些有机物主要由碳水化合物和含氮化合物组成，它们在一定条件下会产生甲烷、氨气、硫化物以及一些挥发性脂肪酸、醇类等物质，这些物质中的一部分是恶臭的主要组成部分，具有一定的刺激性和毒性，不但对畜禽养殖场及周边环境造成污染，而且对人和养殖动物的健康会造成一定的危害。有关研究表明，年出栏量 10 万头的养猪场，污染半径可达 4.5 ～ 5.0 km。

此外，养殖废弃物处理和贮存过程中会造成氨气的挥发和排放，氨气的挥发不但造成氮资源的流失，而且会造成空气污染，甚至会引起酸雨，影响农作物的生长并对当体土壤和水体环境造成污染。

同时，畜禽养殖场排出的粉尘携带大量微生物，可引起口蹄疫、猪肺疫、大肠埃希氏菌、炭疽、布氏杆菌、真菌孢子等疫病的传播。

15. 畜禽养殖废弃物是怎样污染土壤的?

畜禽粪便中虽然含有氮、磷、钾等养分元素，但如果畜禽粪便长期过量地施用在农田中，很有可能造成畜禽粪便量严重超过土地消纳能力，造成农田土壤污染，甚至造成土壤中硝酸盐以及磷含量超标。

另外，畜禽粪便中含有铜、锌等重金属元素，长期不合理的施用会造成土壤中重金属含量超标，不但会影响作物的生长和发育，而且很可能造成作物中重金属含量超标，间接对农产品的安全构成隐患。

此外，畜禽粪便中可能含有抗生素以及病原微生物等成分，如果畜禽养殖废弃物未经无害化处理直接放入农田，则很有可能使土壤中抗生素和病原微生物含量增加，造成土壤的生物污染和疫病传播。

16. 畜禽养殖废弃物中有哪些有毒有害物质？

畜禽养殖废弃物中的有毒有害物质主要包括重金属、盐类、抗生素和雌激素等。

重金属主要指生物毒性显著的金属及类金属，如镉（Cd）、铅（Pb）、汞（Hg）、砷（As）等，以及铜（Cu）、锌（Zn）和锰（Mn）等；盐类主要指钾（K）、镁（Mg）和钠（Na）等无机盐，具有累积性，可能产生一定的环境风险；抗生素主要包括泰乐素、四环素、磺胺药物、枯草杆菌抗生素等，由于抗生素能够在土壤中持久存在，其破坏生态环境的风险很大。

此外，雌激素存在广泛和较强的内分泌干扰性，会对生态环境构成威胁。天然类固醇雌激素在畜禽粪便和尿液中存在非常普遍，且含量较高。研究表明，不同畜禽粪便的雌激素含量主要与畜禽种类、养殖规模、粪便处理方式以及粪便堆积时间等因素有关。

17. 畜禽养殖废弃物中的有毒有害物质是如何产生的？

目前，畜禽饲养过程中一般会使用能够促进动物生长和提高饲料利用率的各种添加剂、抗生素、抗寄生虫药物、抗霉剂、抗氧化剂等，再加上各种兽药，这些化学物质通过各种途径进入动物体内，但其中大部分并不会完全被动物所吸收，除少部分参与机体代谢反应发挥药效外，大部分将被排出到动物体外，从而产生可能对环境造成污染的有毒有害物质。

18. 饲料添加剂会造成养殖污染吗?

饲料添加剂能够有效防止畜禽疾病、提高畜禽抗病能力。规模化畜禽养殖使用饲料添加剂（维生素、激素等）和兽药（抗生素类）成为保障畜牧业发展必不可少的一环。但如果盲目追求畜禽生长而大量增加饲料添加剂，则会使大部分添加剂随着畜禽粪便和尿液排出体外，这些含有大量添加剂的畜禽粪便很容易对环境造成污染。

如锰元素等矿物元素添加剂的使用会增加畜禽粪便中微量元素的含量；铜、锌、镉以及砷等重金属元素具有难迁移、易富集、危害大等特点，影响和限制畜禽粪便的无公害农业利用。维生素、激素以及兽药（抗生素类）添加剂，随粪便施入农田后会被植物所吸收积累，并破坏植物根际周围的微生态平衡；如果随地表径流进入水体则会对水体中微生物产生毒性，破坏水体微生物的生态结构，导致微生物耐药性增加。

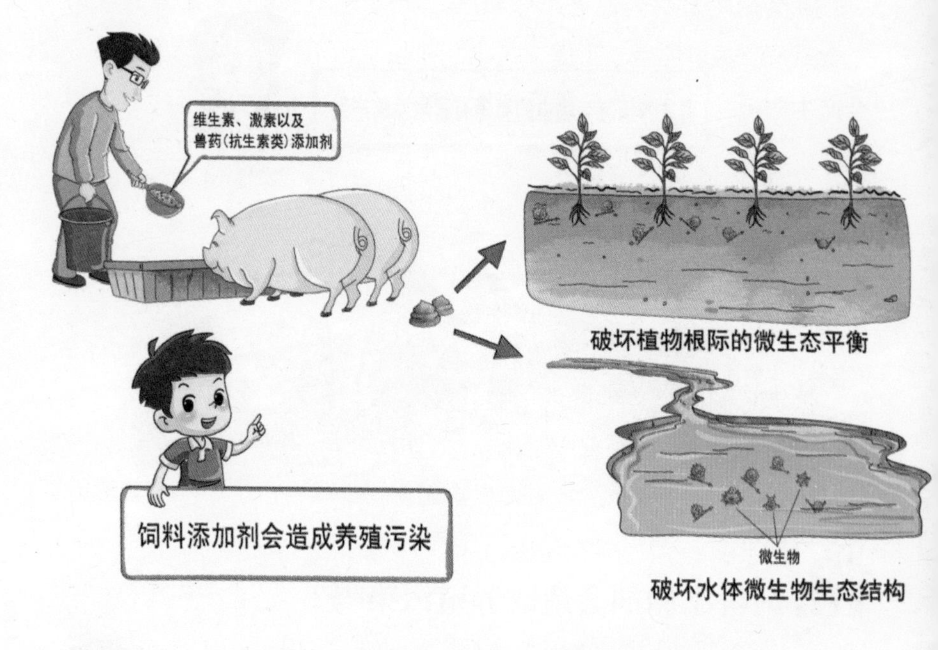

19. 养殖过程使用的激素会产生危害吗？

激素，希腊文原意为“奋起活动”，它对机体的代谢、生长、发育、繁殖、性别、性欲和性活动等起重要的调节作用，是生命系统中的重要物质。

畜禽养殖业常见激素包括性激素（雌酮、17α- 雌二醇、17β- 雌二醇、雌三醇）、β- 激动素等。这些激素对畜禽的生长具有不同的效果。

在规模化畜禽养殖过程中，激素的添加有利于促进畜禽生长和减少畜禽疾病。但如果滥用激素，过多的激素在动物体内不能被吸收和利用，会以原形和活性代谢产物的形式排泄到体外，产生环境危害。

20. 激素的危害有哪些？

激素随着畜禽粪便进入环境后，一方面，会随着施肥进入农田土壤系统，很可能会在土壤中富集，并且通过迁移和积累对农产品安全产生影响；另一方面，进入环境的激素会使环境中的耐药病原菌不断产生，耐药病原菌的产生可能会使病菌的耐药性提高，反过来使生产者进一步增加激素使用量，从而造成环境的进一步恶化。

21. 养殖过程使用的抗生素会产生危害吗？

抗生素是一类对细菌、病毒、寄生虫等具有抑制和杀灭作用的药物，并在畜牧饲料行业中得到广泛应用，在动物疫病防治、提高饲料转化效率、促进畜禽生长方面发挥着重要作用。据统计，全球每年消耗的抗生素总量中 90% 被用在食用动物身上，且其中 90% 都只是为了提高饲料转化率而作为饲料添加剂来使用。2013 年我国抗生素原料生产量约为 12.12 万 t，目前使用的抗生素饲料添加剂有土霉素钙、金霉素、杆菌肽、硫酸粘杆菌素、北里霉素、恩拉霉素、维吉尼霉素、盐霉素、莫能霉素等。但是，当前滥用抗生素的现象非常严重，大量的抗生素随着畜禽粪便排出体外，造成环境中抗生素的残留，很容易破坏生态平衡，威胁水体环境和人类的健康。

22. 抗生素的危害有哪些？

首先，粪便中的抗生素很可能随着径流或渗漏进入地表水和地下水，进而威胁水体环境和地下水安全；其次，如果含有抗生素的畜禽粪便被施入农田中，部分抗生素具有很强的持久性，很容易在土壤中累积，存在被植物吸收、进入人类食物链的风险；最后，抗生素在环境中仍有很强的抗药性，其代谢物的活化性很可能对生态系统造成致命的损坏。

23. 如何减少使用抗生素？

采用对人和动物健康安全的、无污染的、无残留的抗生素添加剂替代品（如中草药添加剂、微生态制剂等），减少养殖生产中抗生素的使用量，从而规避由于使用抗生素而引起的动物性食品安全的风险是必然的选择，酶制剂是饲料企业使用最普遍的抗生素替代品，其次为中草药添加剂。在养殖场中，中草药是使用最普遍的抗生素替代品，益生菌的使用普及率位居第二；养殖场对中草药和益生菌替代抗生素的作用也最为认可。

24. 畜禽养殖过程会产生重金属污染吗？

为提高饲料利用率、促进畜禽生产，饲料中一般会加入金属元素作为添加剂，如铜、锌、锰、镉、铅、汞和砷等。

大部分重金属元素在动物体内的生物效应很低，而一些人为了追求某些元素在高剂量时的特殊生理作用，饲料中金属元素的添加量越来越多，这些重金属约95%未被消化吸收，随畜禽粪便排泄而进入环境，从而对环境造成污染。

25. 如何降低畜禽养殖中的重金属污染？

严格按照农业部第1224号公告《饲料添加剂安全使用规范》进行操作。采用一定的微生物添加剂来降低重金属污染。如氨基酸微量元素添加剂等在消化道内可以溶解，而且由于其是电中性的，可以防止金属元素被吸附在有碍元素吸收的不溶胶体上，具有易吸收、效价高的特点。此外，与无机盐相比，微生物添加剂量少但可以达到相同的效果，且金属离子的排出量减少，可以在一定程度上减少畜禽养殖过程中的重金属排放。

CHUQIN YANGZHI WURAN FANGZHI

ZHISHI WENDA

畜禽养殖污染防治知识问答

第三部分

畜禽养殖污染控制

26. 畜禽养殖污染可以控制吗？

畜禽养殖污染是可以控制的。首先，要科学饲养，使用生态的养殖模式，喂养生态饲料，并且从源头加强监管，增强过程控制；其次，要加大节能减排力度，控制养殖污染物的达标排放，污染物达标排放将使畜禽养殖场对周边环境的影响大大减少；再次，可以通过农牧结合的方式，有效综合利用畜禽养殖废弃物，形成种植业和养殖业的平衡发展，在发展畜禽养殖的同时保护环境；最后，要发挥广大群众的监督作用，保护环境人人有责，发现有养殖场不法排污行为的，要及时报告环境管理部门，依法处罚，保障人们的生活环境质量。

27. 畜禽养殖污染治理主要有哪些难点?

就目前技术上来讲，治理达标从环保技术上不存在困难，但是畜禽养殖污染的治理要考虑经济因素，而目前的技术中，经济合理的治理技术不多。现在最经济可行的就是采用以种定养的农牧结合方式来进行综合治理，而不是消耗大量的能源对废弃物进行治理。同时，需要提高畜禽养殖从业者的综合素质，增强他们的环保意识，加大环保执法力度，才能保证畜禽养殖污染得到较好的治理。

目前常用的治理方式有以下两种：一是在当地环境容量较小的情况下，要将畜禽养殖污染物全部收集起来，分类处理，达到相关排放标准后才能排放；二是在周边环境容量充裕的情况下，畜禽养殖污染物经过处理后，可作肥料，供给农作物、林地等。

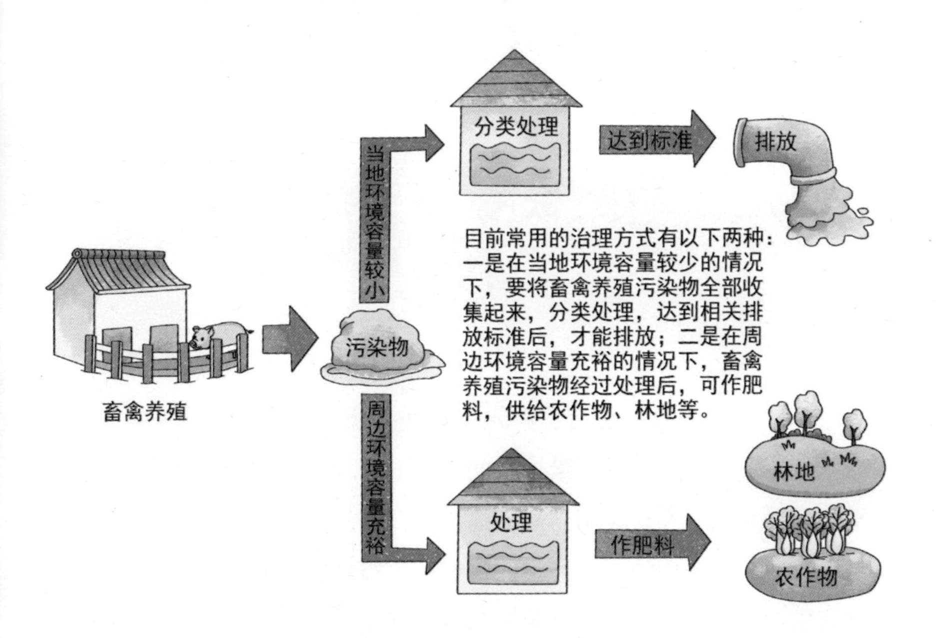

28. 畜禽养殖过程需要控制哪些污染物？

畜禽养殖污染物主要包括废水、废渣、废气。废水包括畜禽尿液、栏舍冲洗水、地面冲洗水、畜禽清洁用水、沼液等；废渣包括畜禽粪便、畜禽尸体、饲料加工废料、沼气池沼渣、沼泥等；废气包括养殖过程中产生的臭气、污水处理设施产生的臭气、未经燃烧的沼气（甲烷）等。

养殖过程涉及的废气、废水、废渣排放，需要对其各个产生环节进行控制，减少其排放量，在此基础上，对其进行处理。例如，对于栏舍冲洗水，要建设雨污分流的排污管道，将其引入污水处理设施进行处理；对于沼渣，要建设附带有挡雨棚的堆放区，脱水后作为肥料还田；对于养殖过程中产生的臭气，则要采取及时清粪、喷洒除臭

生物药剂、加强通风等方式进行处理。

29. 畜禽养殖废弃物中臭气的主要成分是什么?

畜禽养殖场的臭气来源于多个方面。其中，未经处理的或处理不当的粪便排泄物是臭气的最主要来源。储粪池中粪便厌氧发酵后的产物也多数是臭气物质，气味刺鼻。另外，除粪尿外，养殖场中含蛋白质的废弃物（如皮肤、毛、饲料、垫料等）的厌氧分解也都能成为恶臭的来源。总的来说，畜禽养殖场的臭气主要来源于碳水化合物和含氮有机物的厌氧发酵。这两类物质在厌氧的环境条件下，可分解释放出带酸味、臭蛋味、鱼腥味、烂白菜味等刺激性气味的气体，如氮化物、硫化物、脂肪族化合物等。

它们包含了氨气、硫化氢两种无机物和挥发性脂肪酸、醇类、酚类、醛类、酮类、酯类、胺类、硫醇类、粪臭素及含氮杂环化合物等有机化合物。其中，氨气和硫化氢始终是臭气的主要组成成分，但并非最臭的物质。据报道，最臭的物质是甲硫醇。

30.影响恶臭产生、扩散的因素及其防范措施有哪些？

（1）影响因素：

①环境因素。

温度对分解粪便的微生物活动具有重要影响，高温高湿环境有利于微生物活动，低温干燥环境不利于微生物活动。因此，在夏季和梅雨季节，微生物分解粪便产生臭气量多，粪场周围空气恶臭气体含量多。高湿环境不利于尘埃传播，所以在湿度大的环境，空气粪便微小颗粒含量较少。畜禽舍通风量增大，可以有效稀释粪便产生的臭气，养殖小区外界有风，可以有效降低空气臭气浓度，与粪场等污染源距离越大，空气中臭气浓度越小。

②粪便的性状。

粪便的含水量高，通气性差，造成粪便内部缺氧，有利于厌氧微生物分解，产生大量脂肪酸、硫化氢、酚类、pH、粪臭素等，使粪便变得更臭。粪便在静止状态下，表面释放的臭气量少，在搅动或翻动时，释放的臭气量大、浓度高。粪便pH增大，将抑制腐败菌活动，减少臭味产生。臭气控制应从防止臭气的产生和控制臭气的扩散两方面来进行。

（2）防范措施。

首先，防止臭气产生显得更加重要，粪便臭气是厌氧发酵的结果。因此，要减少粪便臭气的产生，就需创造不利于厌氧发酵的条件。从最初畜禽养殖场的选址到后期的管理，以及通过降低粪便含水量、降低温度、改变pH、施用杀菌剂和进行日粮调控等措施，都能很有效地控制臭气产生。

其次，在恶臭的扩散方面，气象条件对恶臭的扩散有很大影响，产生恶臭的物质的运输、流通也有一定的影响，控制恶臭扩散，就是要控制其与空气的接触面。如用明渠来收集废水，就会使恶臭扩散，用密闭的管道来收集废水，就能有效减少恶臭与空气的接触，进而减少恶臭的扩散，因此要在恶臭产生物质的流通和运输环节做好密闭措施。

31. 如何去除畜禽养殖废弃物中的臭味？

一旦臭气产生，就必须通过各种方法来控制臭气的扩散，降低臭气的浓度。目前，用于畜禽养殖臭气去除的方法有物理法、化学法和生物法。其中，物理法包括掩蔽法、稀释法、冷凝法、吸附法和吸收法等；化学法包括燃烧法、催化燃烧法、催化法、臭氧氧化法和洗涤法等。除臭剂多为化学制剂或植物提取物，主要是 pH 调节剂、氧化剂和杀菌剂。在粪便中加入甲酸、乙酸、丙酸、硫酸亚铁及硝酸等，可使粪便 pH 降低，以减少硫化氢臭气的产生，并可中和一部分碱性臭气，还可抑制微生物活动而降低臭气的产生。但是化学除臭剂用量多、耗资大，并有可能给处理后物料的利用带来影响。因此，应尽量采用其他除臭方法，化学除臭作为辅助措施。生物脱臭法因具有所需设备简单、处理效率高、无二次污染、操作简单、费用低等特点，已成为许多国家畜禽养殖臭气治理的一个发展方向。此外，还可以通过改善养殖方式和优化畜禽粪污和尸体的处置方式减轻恶臭物质的产生量。

32. 如何利用微生物去除畜禽养殖废弃物中的臭味？

如何利用微生物去除畜禽养殖废弃物中的臭味？

吸收法

在 20 世纪 80 年代末 90 年代初，生物除臭技术得到迅速发展，并逐渐发展成为除臭技术的主流。它是一种利用微生物分解恶臭物质使其无臭化、无害化的处理方法，因此也叫作微生物除臭法。生物除臭技术按处理方式分为生物过滤法、生物洗涤法、生物滴滤法等；按填充材料分为土壤除臭法、珍珠岩棉除臭法、堆肥除臭法、活性污泥除臭法、泥炭土除臭法和锯末除臭法等。来自畜禽养殖或粪尿处理场的臭气中的最主要成分是氨气和硫化氢，这些方法对于消除氨气和硫化氢的臭味最为有效。

常用的微生物除臭技术为生物过滤法和生物吸收法。生物过滤法是应用较广泛的脱臭方法，最宜用于低浓度或中浓度的挥发性有机物，该技术成本低、操作维护简单，既可用于单独净化排放的废气，也可用作在活性炭上吸附/再生的二级净化，适合在畜禽养殖生产中推广使用。比较经济的是生物吸收法，即将有利于脱臭微生物生长的营养液装入反应器中，然后将填料浸入溶液中，废气由底部通入，填料在溶液中成流化悬浮状态。

33.哪些微生物常用来去除畜禽养殖废弃物中的臭味？

当前，处理畜禽养殖臭气的一般方法是采用除臭剂来控制恶臭。

除臭剂多为化学制剂或植物提取物，但是化学除臭剂用量多、耗资大，并有可能给处理后物料的利用带来影响。而相对于化学除臭方法，生物法维护管理方便、费用较低、无二次污染，并对人类健康和生态的影响较少。常用的微生物有除氮微生物、除硫微生物。例如，对硫化氢的去除，国内外生物脱硫技术研究者已发现多种自养和异养脱硫细菌，其中较为成功应用的是自养菌中的硫杆菌属、无色硫细菌和光合细菌中的着色菌属等，异养菌则种类较多，也有兼性细菌。

34. 畜禽养殖废水的特点是什么？

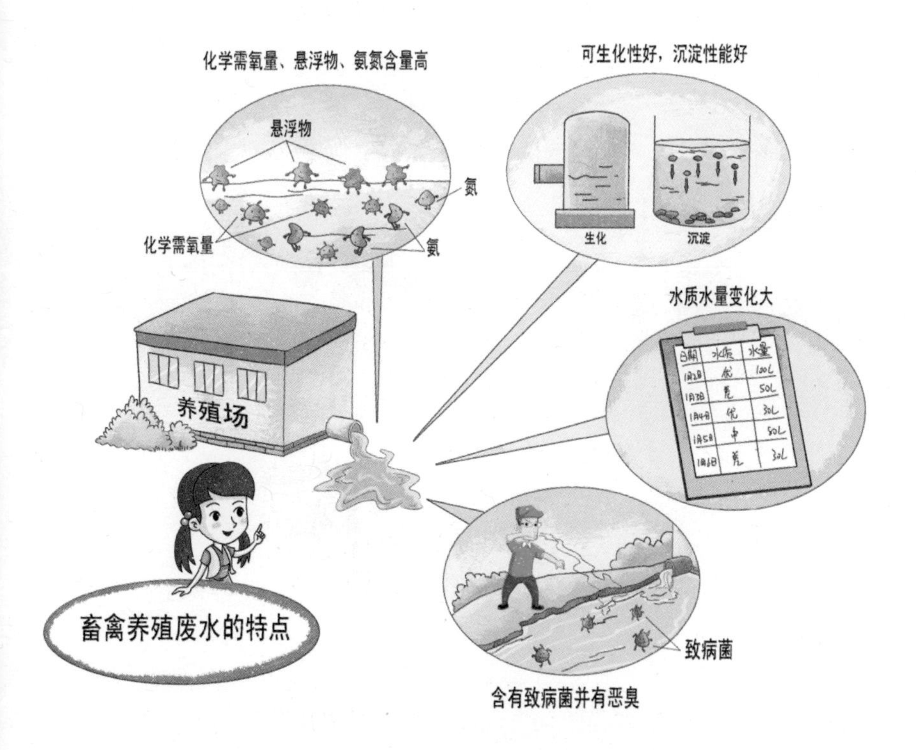

畜禽养殖过程中的废水主要源于粪尿及其处理用水和栏舍冲洗水，属于高有机物浓度、高氮磷含量和高有害微生物数量的“三高”废水。畜禽养殖废水处理难度大。其特点如下：

（1）化学需氧量、悬浮物、氨氮含量高。

（2）可生化性好，沉淀性能好。

（3）水质水量变化大。

（4）含有致病菌并有恶臭。

35. 畜禽养殖废水的处理技术主要有哪些？

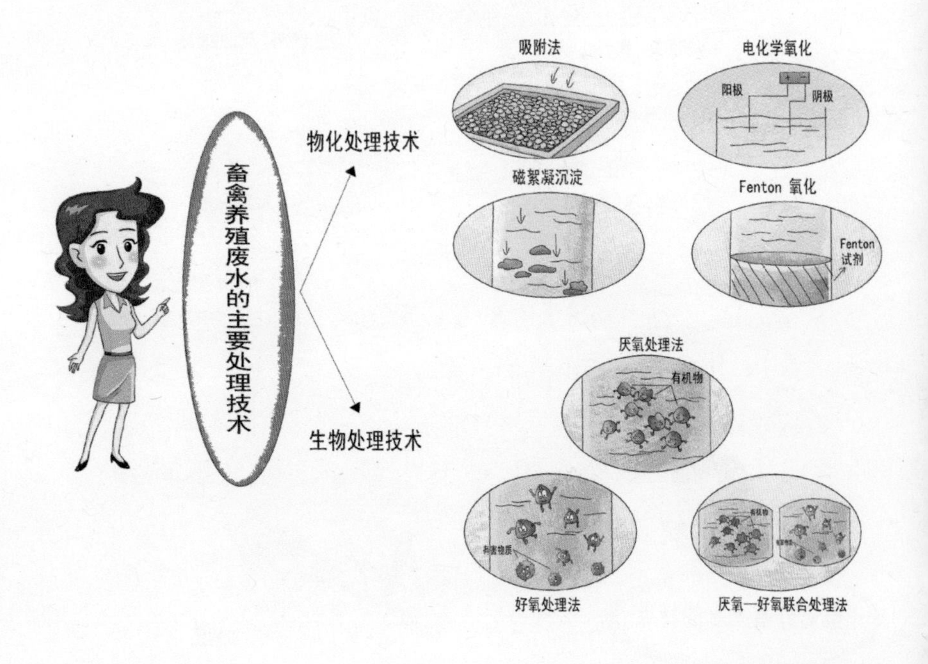

目前畜禽养殖废水的处理技术可分为物化处理技术和生物处理技术两大类：

（1）物化处理技术对畜禽养殖废水的 COD、氨氮、色度等有一定的去除率，可作为畜禽养殖废水的预处理或深度处理工艺。物化处理技术常用的有吸附法、磁絮凝沉淀、电化学氧化、Fenton 氧化等。

吸附法。该法的关键是吸附介质的选取，目前常用沸石等作为介质，还能去除一定量的小分子有机物和臭味，同时附着有大量固体有机物的稻草和吸附有氨氮、磷的沸石，经过处理后可作为土壤改良剂或肥料，但该法对于吸附饱和的过滤介质必须严格处理，避免造成二次污染。

磁絮凝沉淀。通过投加磁种和絮凝剂进行磁絮凝分离反应，处理猪场废水。该技术工艺流程简单、沉降性好、处理周期短，但会产生大量的化学污泥。

（2）生物处理技术是目前处理畜禽养殖废水的常用技术，包括厌氧处理法、好氧处理法和厌氧—好氧联合处理法等。

厌氧处理法。厌氧处理法适用于处理含高浓度有机物的畜禽养殖废水。常见的有厌氧折流板反应器（ABR）、升流式厌氧污泥床（UASB）、微生物燃料电池（MFC）等。厌氧处理技术在处理含高浓度有机物废水的领域应用广泛，如制药、化工、养殖废水的处理，COD 去除率高且占地少。但厌氧处理出水不能达标，因此厌氧出水需进一步处理，常采用好氧处理技术。

好氧处理法。常见的畜禽养殖废水好氧处理技术包括 SBR、生物膜法、生物滤池、A/O 法、MBR 等。

36. 常用的畜禽养殖废水厌氧生物处理工艺有哪些？

目前常用于高浓度养殖废水处理的工艺主要有厌氧滤池（AF）、升流式厌氧污泥床（UASB）、厌氧折流板反应器（ABR）及其组合处理工艺等。

（1）厌氧滤池

厌氧滤池是一种内部填充有微生物载体的厌氧生物反应器。厌氧微生物一部分附着生长在填料上，形成厌氧生物膜，另一部分在填料空隙间处于悬浮状态，污水在流动过程中保持与生长有厌氧细菌的填料相接触，通过微生物的一系列作用，将高浓度养殖废水中的有机物去除，并产生以甲烷为主的沼气。通过收集装置将沼气收集可用于养殖场日常生活用能、反应器保温、养殖场保温等。

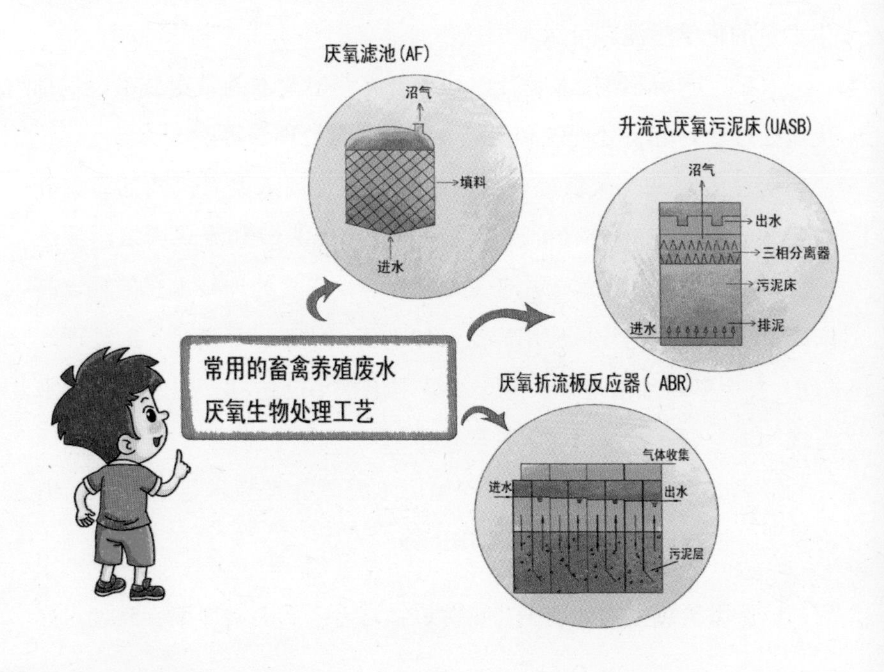

（2）升流式厌氧污泥床

升流式厌氧污泥床是在升流式厌氧滤池的基础上改良而来的，它取消了滤池内的全部填料，并在池子的上部设置了气、液、固三相分离器，这就构成了一种结构简单、处理效能高的新型反应器——升流式厌氧污泥床反应器。污水从反应器底部向上通过包含颗粒污泥或絮状污泥的的污泥床，在厌氧状态下产生沼气，沼气的产生引起内部循环对于颗粒污泥的形成和维持是有利的，因此，有利于有机物的降解。

（3）厌氧折流板反应器

厌氧折流板反应器作为第三代新型厌氧反应器，是一种高效反应器，具有结构简单、投资少、抗冲击负荷强等诸多优点。该工艺在反应器中安装了一系列垂直的折流板，将反应器分隔成几个串联的反应室，每个反应室都可以看成是相对独立的升流式厌氧污泥床，每个反应室中的水流都可以看成是完全混合的，这样可以使不同类型的微生物在最适宜的条件下生长，实现较高的有机物降解能力。

37. 厌氧生物处理工艺有哪些优缺点？

对于畜禽养殖废水这种高浓度的有机废水，采用厌氧处理工艺建设成本低、占地少、构筑物简单、处理效率高，可在较低的运行成本下有效地去除大量的可溶性有机物，COD 去除率达 85% ～ 90%，而且能杀死大量传染病菌，有利于养殖场的防疫。厌氧生物处理技术动力消耗小、污泥产量少、能产生生物能（沼气），对某些难降解有机物有较好的处理效果。

虽然用厌氧生物处理工艺对有机物有着较高的处理率，但对养殖废水中的氮、磷等营养元素的去除并不是很理想，时常会出现经厌氧处理的高浓度养殖废水氨氮含量依然很高，达不到《畜禽养殖业污染物排放标准》（GB 18596—2001）的现象，如何改进该工艺使其有脱氮的功效正在研究中，因此，要使出水达到排放标准，就需要配合其他的好氧工艺进行后续处理。此外，若反应器不密闭常有臭味产生。

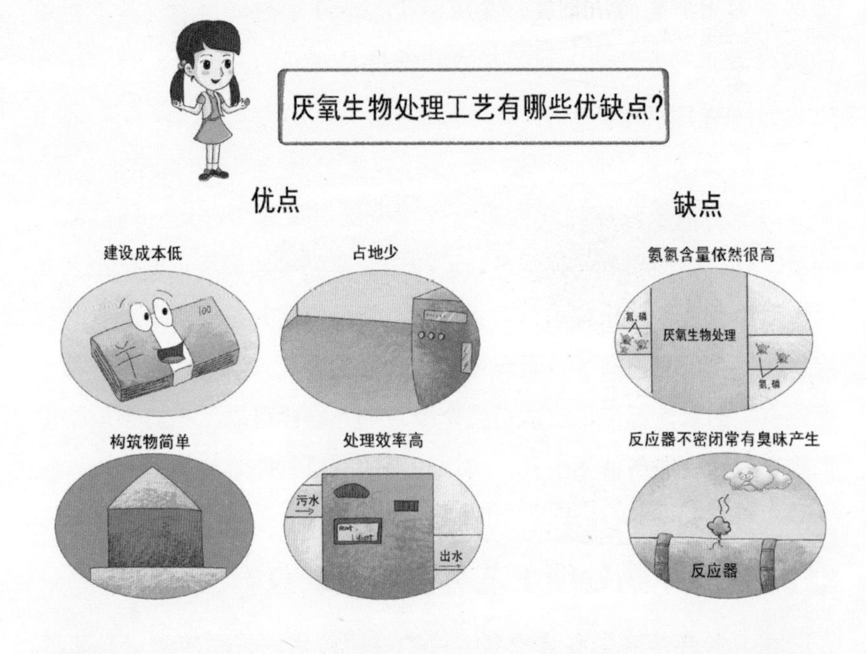

38. 常用的畜禽养殖废水好氧生物处理工艺有哪些?

好氧处理是指利用好氧微生物处理养殖废水的一种工艺。好氧生物处理可分为天然好氧生物处理和人工好氧生物处理两大类。

天然好氧生物处理是利用天然的水体和土壤中的微生物来净化废水的方法，也称自然生物处理法，主要有水体净化和土壤净化两种。

人工好氧生物处理是采取人工强化供氧以提高好氧微生物活力

的废水处理方法。该方法主要包括活性污泥法、生物滤池、生物转盘、生物接触氧化法、序批式活性污泥法（SBR）、厌氧/好氧（A/O）、膜生物反应器（MBR）及氧化沟法等。

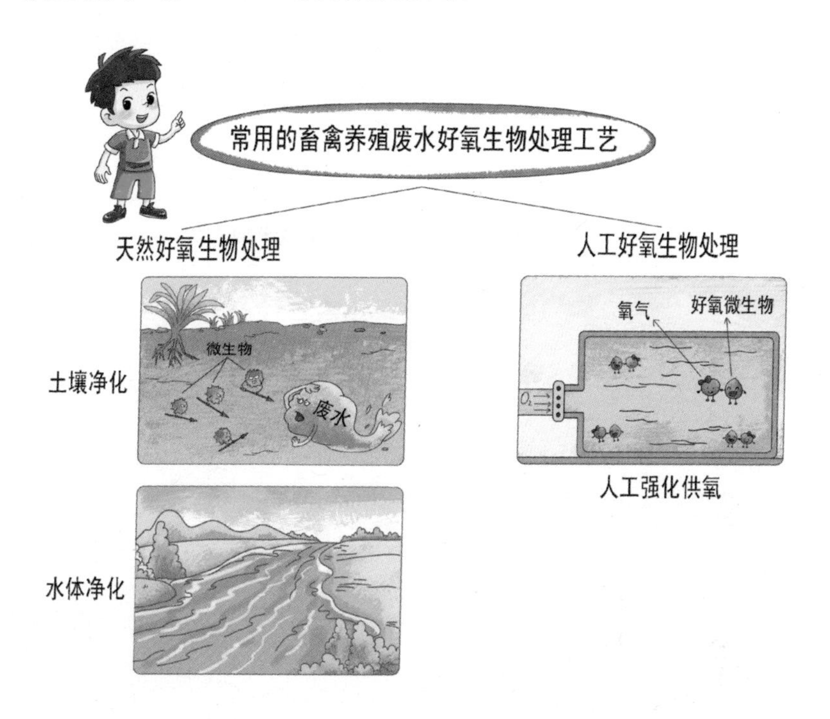

39. 畜禽养殖废水深度处理常用哪些工艺？

畜禽养殖废水深度处理常用工艺主要有好氧深度处理和人工湿地处理。

（1）常用的畜禽养殖废水好氧深度处理技术包括SBBR、MBBR、SBR、生物膜法、生物滤池、A/O法、MBR等。序批式生物膜反应器（SBBR）具有生物量高，占地少，脱碳、脱氮效果好等优点。生物滤池需要选择适宜的填料，脱氮效果较好；MBBR工艺是一种新型高效的污水处理方法，兼具传统流化床和生物接触氧化法的优点； MBR 对于具有较长的污泥龄和较高浓度的污泥，脱碳、脱氮效果较好。

（2）人工湿地的应用始于 20 世纪 70 年代初，与传统污水处理工艺相比，人工湿地成本低，管理简单，具有很好的应用前景。湿地系统存在好氧缺氧和无氧环境，有利于硝化细菌和反硝化细菌的生存。硝化细菌和反硝化细菌可以通过硝化和反硝化作用去除人工湿地中的氮，且微生物可以通过同化作用和过量累积的方式去除污水中的磷。

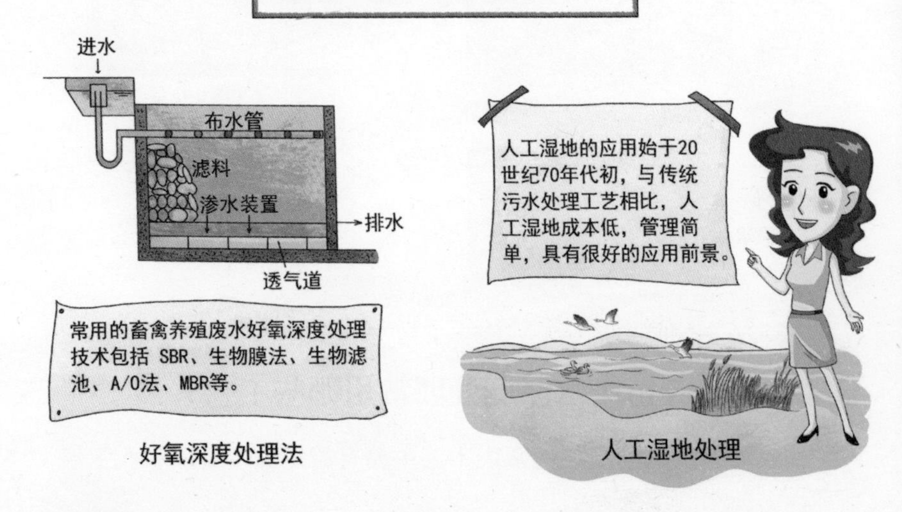

好氧深度处理法

人工湿地处理

40. 畜禽养殖废弃物中有害微生物有哪些杀灭技术？

畜禽养殖废弃物中有害微生物的杀灭技术主要有以下几种：

（1）厌氧处理。经过厌氧处理可以杀灭有害微生物。

（2）生态净化法。种植高吸附性的水葫芦、细绿萍净化从畜禽场排出的污水，通过浮游生物、菌团等达到净化和去除有害微生物的作用。

（3）生物发酵法。通过发酵作用达到消灭粪污中有害微生物和有机物中病原菌的目的。

（4）生物去除法。通过喷洒环境友好的微生物，形成优势菌团，在进一步消解畜禽养殖废弃物中有害成分的同时，将有害微生物去除。

（5）生产有机肥法。所用原料为畜禽粪便、废植物、微量元素 N、P、K 肥，将上述物料混合，经过高温、加压、灭菌、发酵，加工成有机肥，除掉有害微生物的同时还能变废为宝。

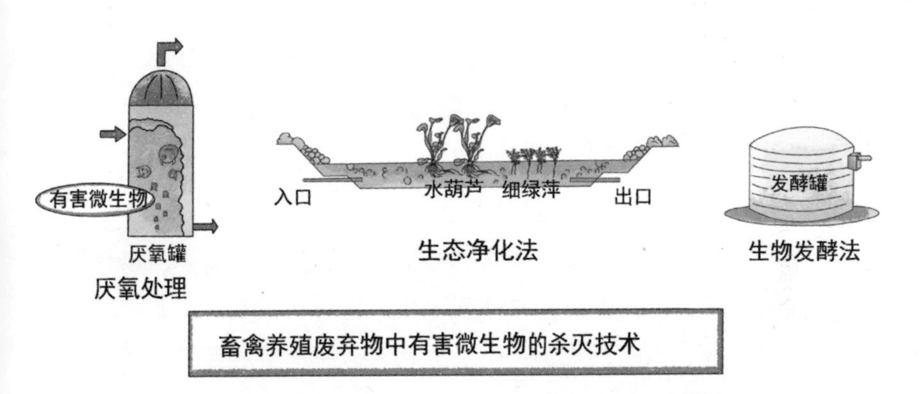

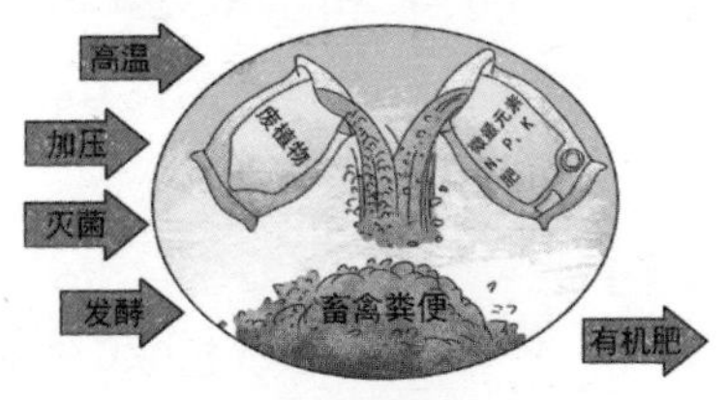

41. 如何去除畜禽养殖废弃物中的重金属？

（1）对畜禽粪便进行处理。

用生物沥浸法，通过粪液固体和硫细菌菌液混合接种，可去除畜禽粪便固体成分中 90% 以上的 Cu、Zn 和 Cr。

（2）对畜禽养殖废水进行处理。

常见的水体重金属污染修复方法主要有物化法和生物修复法。

物化法主要包括沉淀、絮凝和吸附。沉淀通过提高水体 pH 使重金属以氢氧化物或碳酸盐的形式从水中分离出来。絮凝普遍采用铁盐、铝盐及其改性材料作絮凝剂。吸附是利用多孔性固态物质吸附水中污染物来处理废水的一种传统方法。目前主要的吸附剂有活性炭、粉煤灰及矿物材料等。矿物材料吸附表面研究已深入到分子水平，对具有一定吸附、过滤和离子交换功能的天然矿物进行合理改善是提高环境矿物材料性能的新途径。如通过铁氧化物改变石英砂的表面性质，所得到的氧化铁涂层砂变性滤料对砷的去除率达 95% 以上。

重金属的生物修复处理主要利用水生植物对重金属离子进行吸收、容纳、转移，从而使水体得到净化。常见的浮水及挺水植物如凤眼莲、浮萍、香蒲、水鳖、中华慈姑、芦苇、空心莲子草等，在 Cu、Cd、Pb 和 Zn 等重金属污染水域的修复治理中广泛应用，对重金属污染水体具有良好的修复作用。

42. 如何去除畜禽养殖废弃物中的抗生素？

（1）常规工艺：包括混凝、沉淀、石英砂过滤和消毒等工艺。

（2）化学氧化法：化学氧化法是指通过氧化剂本身与抗生素反

应或产生羟基自由基等强氧化剂将抗生素转化降解，化学氧化法几乎可以降解处理所有的污染物。常用的氧化剂主要有 O_3、$KMnO_4$、ClO_2 等，能有效氧化降解畜禽养殖废水中的抗生素。化学氧化法具有处理所需时间相对较短、对抗生素降解比较彻底的优点。

（3）吸附法：吸附法是指利用多孔性固体吸附废水中某种或某几种污染物，以回收或去除污染物，从而使废水得到净化的方法。常用的介质有活性炭、活性煤、活性污泥、腐殖酸类、吸附树脂等。

（4）膜技术法：在一定压力下，当原液流过膜表面时，膜表面密布的细小微孔只允许水及小分子物质通过而成为透过液，而原液中体积大于膜表面微孔的物质则被截留在膜的进液侧，成为浓缩液，因而实现对原液的分离和浓缩。

（5）生物修复法：是指利用微生物、植物和动物吸收、降解、转化土壤和水体中的污染物，使污染物的浓度降低到可接受的水平，或将有毒有害的污染物转化为无害物质的一种环境污染治理技术。

43. 畜禽尸体如不妥善处理会产生哪些危害？

（1）危害生态环境安全。

把死因不明的畜禽尸体乱投乱埋，势必会对当地水质造成污染，假如携带病菌的动物尸体被埋在土壤中，土壤中的作物也会受污染。畜禽尸体上可能潜伏多种病原微生物，特别是人畜共患病原，会危害周边动物及人们的安全。

（2）影响畜牧业生产安全。

畜禽尸体会腐烂，若不妥善处理，可能会引起重大疫情，并且容易进一步扩大，这样就会影响更多的地区的畜禽生产。

（3）造成食品污染，影响人们健康。

有些地方监管不到位，畜禽尸体可能会流入市场，进入人们的餐桌。首先，由于病死畜禽多数是因为患了某种传染病而死亡的，人接触后易引起感染发病，比如感染猪链球菌病，严重者会出现中毒性休克、脑膜炎等症状；其次，畜禽尸体中的病原微生物在繁殖过程中可能产生一些毒素和有害物质，即使熟制后也无法破坏；最后，畜禽死前可能经过大量药物治疗，肉中药物残留十分严重。而不法商贩为了去除畜禽尸体的异味，常用违禁化学药品浸泡，人食用后会降低免疫力，诱发癌症。

44. 畜禽尸体应如何处理？

（1）养殖场饲养或农民散养的畜禽都应全部报有关部门登记，实行户籍制度。

（2）养殖业主在饲养的畜禽死亡后，通过电话或互联网向当地动物防疫监督机构报告，否则，养殖业主要被依法追究其动物尸体去向不明的责任。

（3）防疫站专职工作人员核实后，将病死畜禽通过密封运输车运输到无害化处理厂或村镇病死畜禽处理池进行处理。

（4）养殖业主或农民向当地有关部门领取畜禽尸体无害化处理补贴。

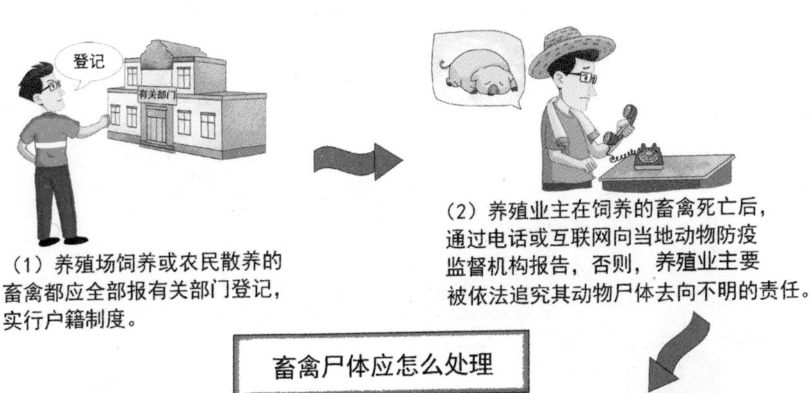

(3) 防疫站专职工作人员核实后，将病死畜禽通过密封运输车运输到无害化处理厂或村镇病死畜禽处理池进行处理。

(4) 养殖业主或农民向当地有关部门领取畜禽尸体无害化处理补贴。

45. 现行的畜禽尸体处理方式有哪些？

对病死畜禽尸体的一般处理方法是就近采用高温蒸煮法、焚烧法、填埋法进行彻底销毁。

（1）高温蒸煮法：通过高温蒸煮，将病死畜禽身上携带的病菌、病毒彻底杀死，即将病死畜禽用高温煮沸 2 ～ 3 h。

（2）焚烧法：对确诊由疾病原因死亡的畜禽和死因不明的畜禽，根据临床表现作焚烧、深埋等无害化处理。

（3）填埋法：将畜禽尸体抛入专门的填埋井里，利用生物热的方法将尸体发酵分解，以达到消毒的目的。无害化处理井的周围要设置警示标志，定期巡查，做好必要的安全防护措施。

畜禽尸体处理费用为人工费、运输费、处理费等。以病死猪尸体为例，一般而言，处理一头病死猪的成本为 100 元左右。但实际发生费用，各地存在差异。

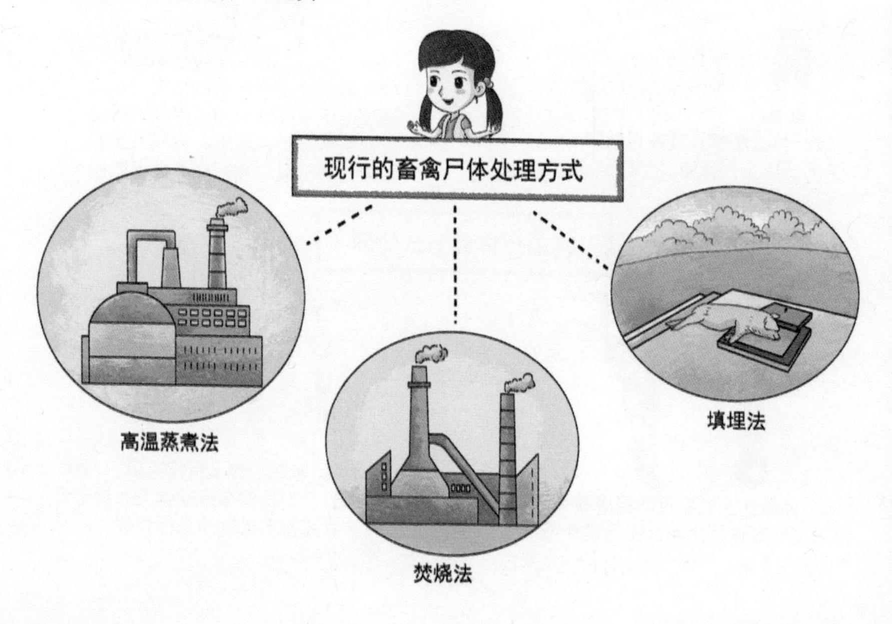

46. 化尸池的建设有何规定？

建设化尸池是目前处理病死畜禽、防止畜禽疫病传播的手段之一，长期实践表明，化尸池比较适合在我国农村推广使用。

根据《中华人民共和国动物防疫法》有关规定和养殖业规划的要求，每个行政村要建设 80 m^3 以上的病死畜禽化尸池，以防止病死畜禽乱丢至河道、田边地头，造成环境污染。养殖业扶持资金要优先支持化尸池的建设。

47. 生猪养殖场应建多大的化尸池？

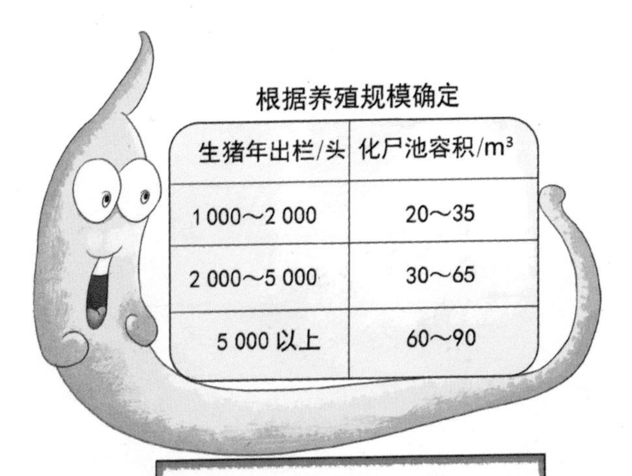

生猪养殖场应建多大的化尸池?

生猪养殖场化尸池的大小要根据养殖规模确定，一般控制在 15 ～ 90 m^3。生猪年出栏 1 000 ～ 2 000 头的，化尸池容积为 20 ～ 35 m^3；生猪年出栏 2 000 ～ 5 000 头的，化尸池容积为 30 ～ 65 m^3；生猪年出栏 5 000 头以上的，化尸池容积为 60 ～ 90 m^3。

48. 畜禽化尸池建设有何要求?

（1）合理规划。畜禽养殖相对集中的乡镇、村和规模养殖场都要科学安排建设化尸池，以确保病死畜禽无害化处理的需要。

（2）科学选址。要既不影响群众生活，又便于畜禽运输、处理，要远离水源、村庄及学校、医院等公共场所，避免造成二次污染。

（3）化尸池应建在生产区的下风向，且与生产区有一定的距离，主要用于小型动物的尸体处理。严防尸体乱扔乱放，防止病原四处扩散和传播。

（4）化尸池一般为地下圆井型，上细下粗，断面为梯形。地面以上高度 1 m，侧面对称留两个通气孔，总深 4 ～ 5 m，口径 2 m 左右。底部由钢筋水泥浇筑 15 cm 厚，四周三七砖墙水泥抹面，并进行防水处理，加盖防雨盖，使用时定期填加消毒药品。

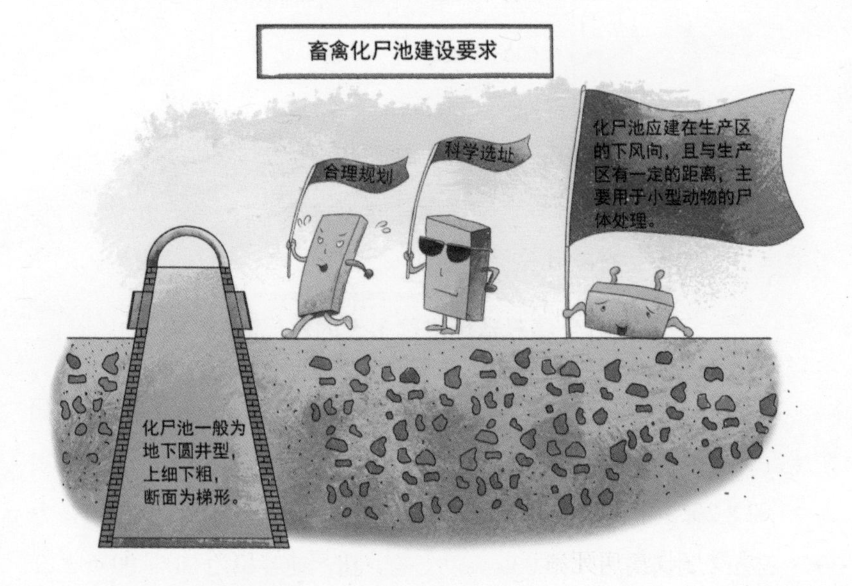

49. 我国出现过哪些畜禽尸体事件？

（1）2013 年上海黄浦江“漂流猪”事件。

2013 年 3 月 7 日开始，上海黄浦江出现大量死猪，截至 3 月底，累计打捞死猪 1 万多头。后查明这些死猪来自黄浦江上游的浙江嘉兴，当地高密度的养猪环境让生猪的存活率逐渐下降。国家首席兽医师于康震表示，根据规定，病死猪应该进行无害化处理，嘉兴绝大部分死猪也都进行了无害化处理。但是，由于一些养殖场主法制意识不强、陋习难改，加之监管和无害化处理能力不足，导致向河道随意抛弃死猪情况仍有发生。

（2）2013 年福建漳州 30 多 t 病死猪肉流入市场事件。

本是受雇收集病死猪进行无害化处理的人员，却利用工作之便监守自盗，干起了宰售病死猪肉的违法勾当，犯罪嫌疑人以每斤0.1～0.8元的价格向养猪户收购病死猪，并雇人非法屠宰，送到自建的冻库进行冷冻。致使30余t病死猪肉流往外地。在一家冷冻食品公司，公安办案人员现场查获送货车辆，查获疑似病死猪肉7 000 kg，当场抓获嫌疑人。进一步追查发现，在该公司冷库里，还存放有尚未运出的疑似病死猪肉2万kg、猪排骨肉500 kg。

（3）2014年江西宜春市高安、丰城、上高等地病死猪流入市场事件。

江西宜春市高安、丰城、上高等地，不少病死猪被猪贩子长期收购，有些病死猪甚至携带A类烈性传染病口蹄疫！某屠宰场老板介绍，他们的病死猪肉销往广东、湖南、重庆、河南、安徽、江苏、山东等7省市，年销售额达2 000多万元。

50. 哪些做法可以控制养殖污染？

（1）源头控制粪污：一是饲料应采用合理配方，提供理想蛋白质体系，以提高蛋白质及其他营养的吸收效率，减少氮的排放量和粪的产生量。二是采用干清粪工艺，饲养员要及时将粪单独清出，不可与尿、污水混合排出，运至贮粪场。三是及时处理畜禽粪便，各养殖场必须建有贮粪场地，位于主导风向的下风向或侧风向处，且贮粪场必须采取有效的防渗工艺，以防止粪便污染地下水。粪便的处理第一可以运至公司的有机肥料厂生产有机肥，第二采用好氧发酵，以杀死病原菌和蛔虫卵，实现无害化。

（2）生产过程控制用水：一是实行雨污分流，各养殖场的排水系统应采用雨水和污水两套排水系统，以减少排污压力。二是所有产生的污水严禁未经处理直接排放。建有污水处理设备的养殖场必须经综合处理，达到排放标准后，方能排放。同时，养殖场均要尽量减少水的用量，既减小排污压力，又节约水源。

51. 什么是科学喂养？

采用科学的方式进行养殖，一是要有良好的养殖环境，提供的饲料应满足畜禽所需的营养成分；二是要注重科学的喂养方式，使畜禽更好地吸收养分，健康成长；三是要通过科学有效的防疫，使畜禽有效建立免疫系统，防止受到疾病危害。

52. 科学喂养的方式有哪些？

（1）提高科学饲养管理水平。选择合适的饲料配方，根据畜禽生长阶段选择饲养方式等。

（2）掌握基本疫病防治常识，重视疫苗免疫接种。要加强消毒，防止疾病传播。目前，多数养殖户给畜禽接种的疫苗比较局限，如生猪，只接种猪瘟、丹毒、肺疫、副伤寒等几种常规疫苗，有的甚至根本不进行疫苗接种，即使接种，也往往存在疫苗接种剂量不足、免疫程序不合理等问题。

（3）杜绝滥用药物。滥用药物会使一些疫病不能得到及时有效的控制，既耽误疾病的治疗，又增加了养殖成本，造成不应有的经济损失，甚至会影响畜禽的品质，丧失市场竞争力。

53. 添加剂的替代物有哪些？

添加剂是指在饲料生产加工、使用过程中添加的少量或微量物质，在饲料中用量很少但作用显著。以前常用的添加剂为抗生素，长期使用抗生素，不仅会使微生物产生抗药性，而且会造成全球性的环境污染，抗生素在畜产品中的残留直接威胁人类的健康，因此需要选择安全无污染的添加剂替代物。目前我国使用较多的添加剂替代物有抗菌肽、益生菌和益生素、酶制剂、酸化剂、有机金属微量元素、代谢调节剂、大蒜素、中草药饲料添加剂、寡聚糖、卵黄抗体等。

54. 什么是生态饲料？

生态饲料又称环保饲料，是指围绕解决畜禽产品公害和减轻畜禽粪便对环境的污染问题，从饲料原料的选购、配方设计、加工饲喂等过程，进行严格质量控制和实施动物营养系统调控，以改变、控制可能发生的畜禽产品公害和环境污染，使饲料达到低成本、高效益、低污染的效果的饲料。就现实情况而言，我们在使用日粮的配合中必须放弃常规的配合模式而尽可能降低日粮蛋白质和磷的用量以解决环境恶化问题；同时要添加商品氨基酸、酶制剂和微生物制剂，可通过营养、饲养方法来降低氮、磷和微量元素的排泄量；采用消化率高、营养平衡、排泄物少的饲料配方技术。

55. 如何配制生态饲料？

配制生态饲料主要有以下几种方法：

（1）饲料原料型生态饲料：这种饲料的特点是所选购的原料消化率高、营养变异小、有害成分低、安全性高，同时，饲料成本低。如秸秆饲料、酸贮饲料、畜禽粪便饲料、绿肥饲料等。当然，以上饲料并不能单方面起到净化生态环境的功效，它需要与一定量的酶制剂、微生态制剂配伍和采用有效的饲料配方技术，才能起到生态饲料的作用。

（2）微生态型生态饲料：在饲料中添加一定量的酶制剂、益生素，能调节胃肠道微生物菌落，促进有益菌的生长繁殖，提高饲料的消化率。具有明显降低污染的能力。如在饲料中添加一定量的植酶酸、蛋白酶、聚精酶等酶制剂能有效控制氮、磷的污染。

（3）综合型生态饲料：这种饲料综合考虑了影响环境污染的各种因素，能全面有效地控制各种生态环境污染。但这种饲料往往成本高。

56. 生态饲料添加剂有什么特点？

生态饲料添加剂的特点包括：

（1）能够提高畜禽对饲料的适口性、利用率，抑制胃肠道有害菌感染，增强机体的抗病力和免疫力。

（2）无论使用时间长短，都不会产生毒副作用和有害物质在畜禽体内和产品内的残留。

（3）能提高畜禽产品的质量和品质，对消费者的健康有益无害，对环境无污染。

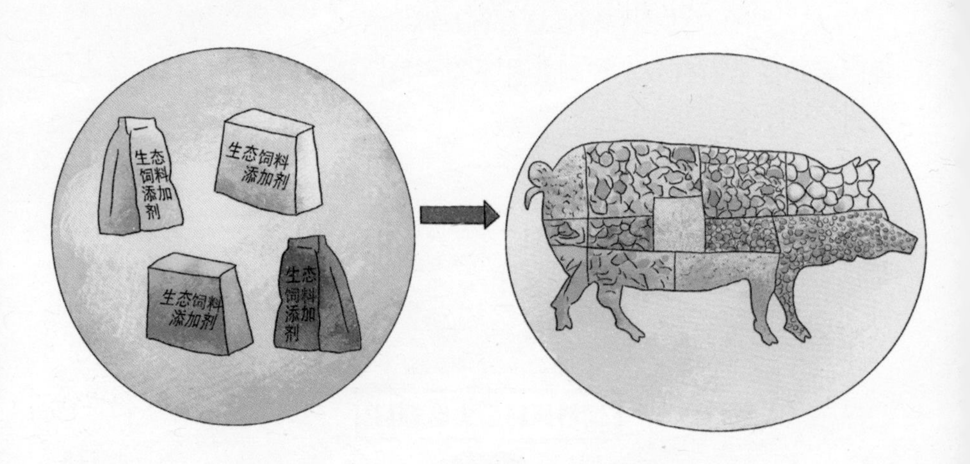

57. 什么是微生态环保饲料添加剂？

微生态环保饲料添加剂是指饲料中加入农业部批准的有益微生物经发酵制成的生物制剂。用于提高饲料效果的微生态制剂包括细菌、真菌、藻类及其代谢产物。

如营养益生菌可参与动物体内多种维生素代谢，产生维生素 B、生物素、叶酸、烟酸、泛酸等供生长所需。如乳酸菌发酵可产生乳酸，提高钙、磷的利用和铁、维生素 D 的吸收；乳酸菌发酵乳糖产生半乳糖，构成脑神经系统脂类。补充微生态制剂可增加肠道内正常菌群浓度，从而预防或纠正机体营养不良。

58. 什么是酶制剂饲料添加剂？

酶是生物体产生的一种活性物质，是体内各种生化反应的催化剂。各种营养物质的消化、吸收和利用都必须依赖酶的作用。

通过生物工程方法产生具有活性的酶产品，称为酶制剂，是近年来在饲料中广泛应用的一类饲料添加剂，由于其能有效提高饲料利用率，节约饲料原料资源，且无副作用，不存在药物添加剂的药物残留和产生而耐药性等不良影响，因而是一种环保型绿色饲料添加剂。饲料添加剂应用的酶制剂多为消化酶类，主要有淀粉酶、维生素酶、β- 葡聚糖酶、果胶酶、植酸酶、复合酶等。

饲料添加剂应用的酶制剂多为消化酶类，主要有淀粉酶、维生素酶、β - 葡聚糖酶、果胶酶、植酸酶、复合酶等。

59. 什么是中草药饲料添加剂？

中草药饲料添加剂是指中草药物加入农业部批准的有益微生物经发酵制成的生物制剂，是用于提高畜禽自身免疫能力的中药加活菌的微生态制剂，通过调整动物体内微生态平衡和激发动物自身的非特异性免疫功能，起到有病治病 、未病防病的作用，减少病毒性疾病的发生，避免了抗生素的滥用，以达到提高养殖效益、提高食品安全的目的。

使用中草药饲料添加剂是目前禽流感、鸡瘟、猪高热病、蓝耳病、鸭病毒性肝炎、浆膜炎、犬细小病毒病以及赛鸽、水产、皮毛动物、经济动物流行疾病防治的有效手段。

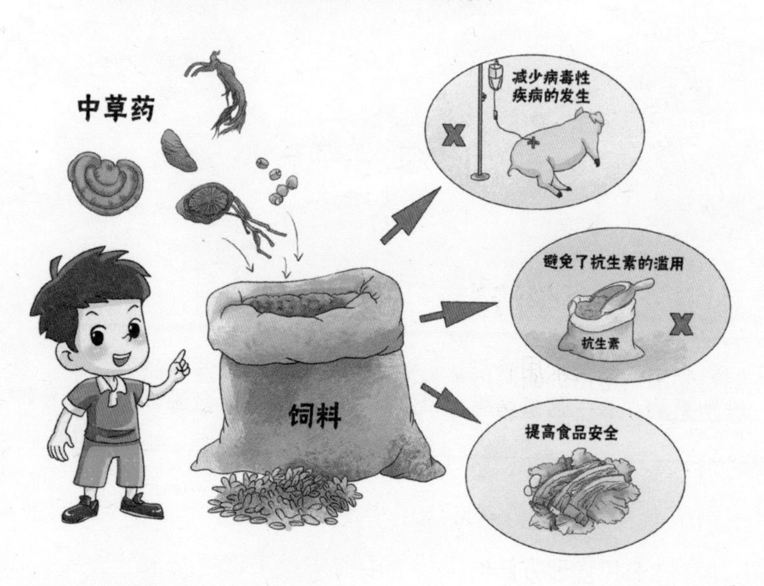

60. 可以不使用添加剂吗？

进行科学的生态养殖，可以不使用饲料添加剂。例如，生态养鸡，让鸡吃虫子、草籽等，由于昆虫、草籽中含有某些物质，可替代添加剂的效果，既能提高鸡的免疫功能，又能提高鸡肉的品质。

61. 什么是科学清粪？

科学清粪是指采用合理的方法，及时、有效地清除畜舍内的粪便、尿液，保持畜舍环境卫生，减少粪污清理过程中的劳动力投入，提高养殖场自动化管理水平。目前的清粪工艺主要有：

（1）水冲粪工艺：水冲粪工艺是20世纪80年代从国外引进规模化养猪技术和管理方法时采用的主要清粪模式。粪尿污水混合进入缝隙地板下的粪沟，每天数次从沟端的水喷头放水冲洗。粪水顺粪沟流入粪便主干沟，进入地下贮粪池或用泵抽吸到地面贮粪池。

（2）水泡粪工艺：水泡粪清粪工艺是在水冲粪工艺的基础上改进而来的，该工艺的主要目的是定时、有效地清除畜舍内的粪便、尿液。工艺流程是在猪舍内的排粪沟中注入一定量的水，粪尿、冲洗用水和饲养管理用水一并排入缝隙地板下的粪沟中，储存一定时间（一般为1～2个月），待粪沟装满后，打开出口的闸门，将沟中粪水排出。

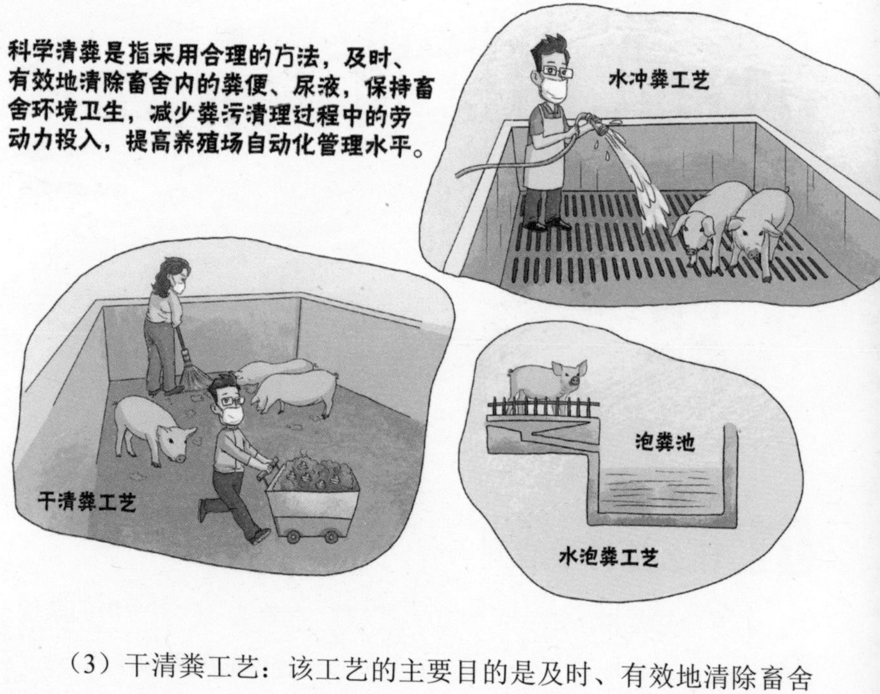

（3）干清粪工艺：该工艺的主要目的是及时、有效地清除畜舍内的粪便、尿液，保持畜舍环境卫生，充分利用劳动力资源丰富的优势，减少粪污清理过程中的用水、用电，保持固体粪便的营养物，提高有机肥肥效，降低后续粪尿处理的成本。干清粪工艺的主要方法是，

粪便一经产生便分流，干粪由机械或人工收集、清扫、运走，尿及冲洗水则从下水道流出，分别进行处理。干清粪工艺分为人工清粪和机械清粪两种。人工清粪只需使用一些清扫工具、人工清粪车等。设备简单，不用电力，一次性投资少，还可以做到粪尿分离，便于后续的粪尿处理。其缺点是劳动量大，工作效率低。机械清粪包括铲式清粪和刮板清粪。机械清粪的优点是可以减轻劳动强度，节约劳动力，提高工效。缺点是一次性投资较大，还要花费一定的运行维护费用。

62. 畜禽养殖场的主要清粪工艺有哪些？

畜禽由于鸡粪含水量较低，养鸡场主要采用人工干清粪工艺和刮粪板机械清粪工艺。

养猪场的主要清粪工艺有水冲粪工艺、水泡粪工艺、干清粪工艺。

养牛场主要的清粪工艺有：①水冲式清粪工艺；②漏粪工艺，粪污通过漏缝地板能立即漏到下面的构筑物中，可储存在池体中或用自动刮板运走、用水冲走或依靠重力流走；③刮板工艺；④人工清粪工艺；⑤铲车清粪工艺。

63. 畜禽养殖过程中如何进行污染控制？

实施清洁养殖，在养殖过程中对各个产污环节进行控制，减少末端治理压力。一是合理设计畜禽养殖生产工艺；二是选择清洁的饲料；三是采用先进的饲养技术和科学的管理；四是加强畜禽养殖废弃物的无害化和资源化利用，减少污染排放。

64. 畜禽养殖过程中控制污染的方式有哪些？

（1）优化饲料配方，配制清洁的饲料。只有均衡的营养才能保障饲料营养成分最大限度地被利用，才能发挥畜禽最大的生产力水平，同时，减少粪尿及氮磷、恶臭物质、矿物元素的排放量。

（2）加强对畜禽排泄物的无害化、资源化处理，减少排放。如鸡粪可以加工成饲料、猪粪可用来喂鱼等。

（3）节约用水，在养殖场内形成内部用水循环，减少废水的处理量和排放量。如养殖废水经过系统处理，再进行种植牧草、养殖鱼类，然后返回养殖场内回用，使污水得以充分利用，达到节约用水的目的。

畜禽养殖过程中控制污染的方式

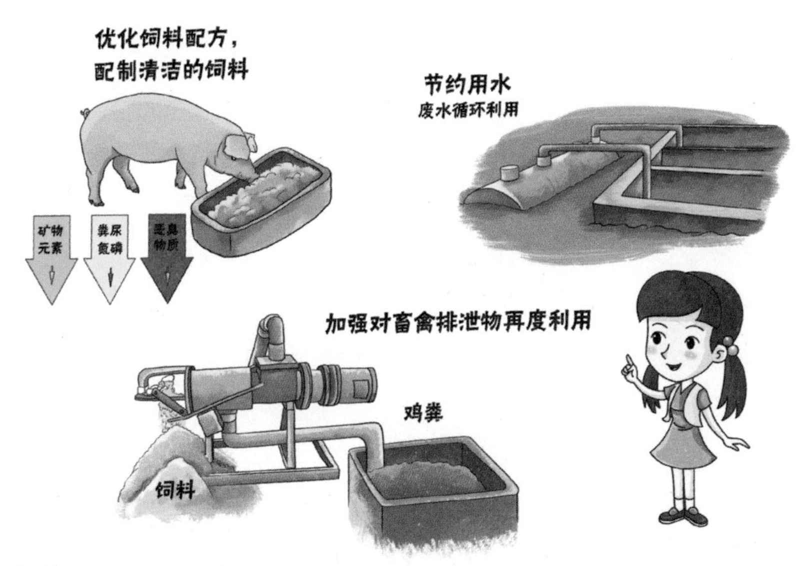

65. 什么是发酵床养殖模式？

发酵床养殖模式是指综合利用微生物学、生态学、发酵工程学原理，以活性功能微生物菌作为物质能量“转换中枢”的一种生态养殖模式。该模式的核心是通过参与垫料和牲畜粪便协同发酵作用，利用活性强大的有益功能微生物复合菌群长期和持续稳定地将动物粪尿废弃物转化为有用物质与能量，快速转化生粪、尿等养殖废弃物，消除恶臭，抑制害虫、病菌，同时，有益微生物菌群能将垫料、粪便合成可供牲畜食用的糖类、蛋白质、有机酸、维生素等营养物质，增强牲畜抗病能力，促进牲畜健康生长。同时实现将猪等动物的粪尿完全降解的无污染、“零排放”的目的，是当今国际上一种最新的环保型养殖模式。

66. 常用的发酵床垫料有哪些？

发酵床原料碳氮比是发酵体系中最重要的影响因素。理论上讲，碳氮比大于 25 的原料都可以做为垫料原料。但碳氮比越高，使用寿命越长。常用的几种原料的碳氮比平均值为杂木锯末 492 ：1、玉米秆 53 ：1、小麦秸 97 ：1、玉米芯 88 ：1、稻草 59 ：1。此外，还有稻壳、花生壳、小麦糠等。

发酵床垫料有一定的使用寿命，因垫料性质、饲养与管理方式的不同而存在较大差异，较短的为数月，最长可达 5 年以上。垫料在使用后，形成可直接用于果树、农作物的生物有机肥，达到循环利用、“变废为宝”的效果。

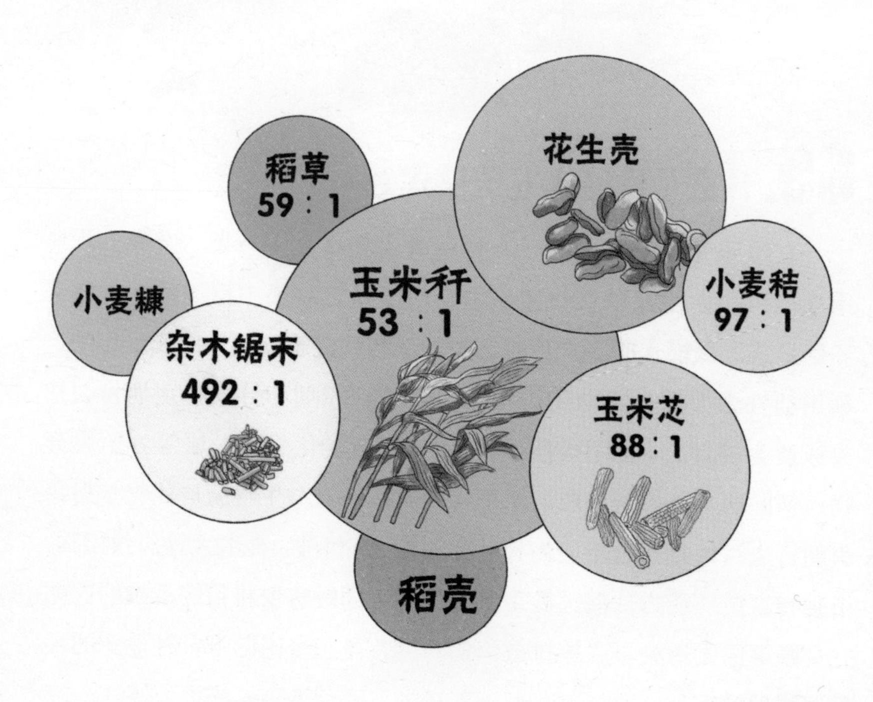

67. 如何进行垫料的管理和再生？

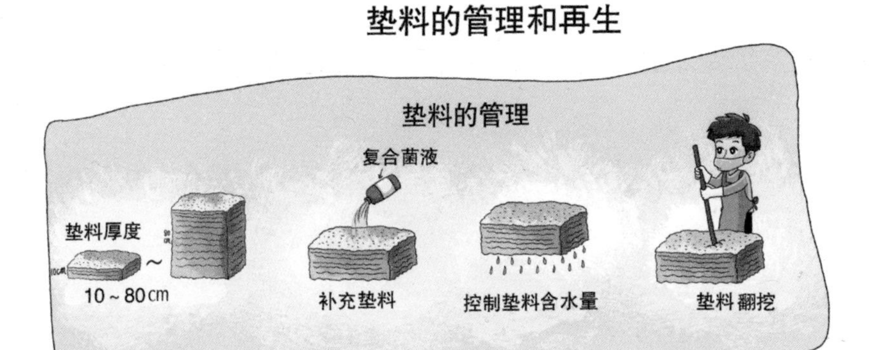

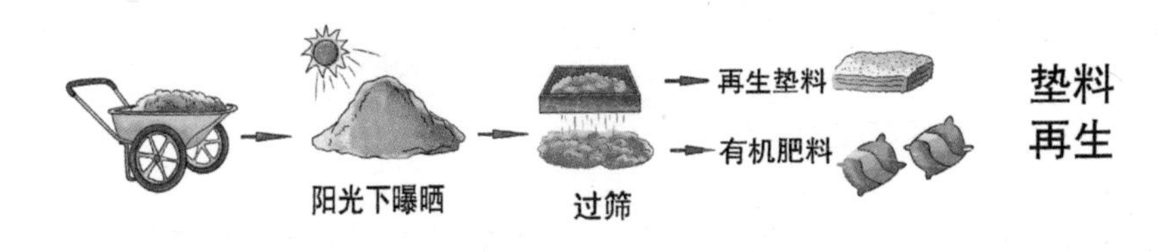

（1）垫料的管理。一是垫料的厚度管理，要根据季节和气候进行增减，一般控制在 10 ～ 80 cm；二是垫料的补充，要根据实际情况对垫料进行恰当补充，如有必要，需补充发酵床复合菌液；三是对垫料的含水量进行控制，一般垫料的含水量控制在 30% 左右；四是垫料的翻挖，需定期对板结的地方进行翻挖。

（2）垫料再生。由于优质的垫料资源如木屑等比较缺乏，故垫料的再生和重复使用就成为发酵床养殖节约成本的重要措施。对于使用时间较短、吸附性能和微生物活性下降的发酵床垫料，可以经过处理重新利用。操作方法是：从发酵床中取出，在阳光下曝晒 2 ～ 3 天，通过高温和紫外线对物料进行消毒处理。再用 5 mm 筛进行筛选，筛上部分为粗料，吸附的盐分相对较少，透气性良好，为再生垫料，返回发酵床重新使用。筛下部分，含盐分高，透气性差，不宜返回发酵床，但可以经过处理后做有机肥料使用。

CHUQIN YANGZHI WURAN FANGZHI

畜禽养殖污染防治

ZHISHI WENDA

知识问答

第四部分 畜禽养殖废弃物的资源化利用

68. 怎样将养殖废弃物“变废为宝”？

畜禽养殖废弃物资源化利用技术主要有能源化、肥料化、饲料化三个方面。畜禽粪便能源化手段是进行厌氧发酵生产沼气，为生产生活提供能源，同时沼渣和沼液又是很好的有机肥料和饲料。进行沼气发酵，达到了粪便资源化、生态化、减量化和无害化的目的。其产生的沼气可用于生活和生产用能源，贮粮防虫、贮藏水果、大棚蔬菜进行二氧化碳气体施肥或温室提供热能；沼渣可作果园和花卉肥料或饲料，用于食用菌栽培、蚯蚓养殖、育秧等；沼液可用作饲料添加剂、喂鱼、追肥和无土栽培营养液。

我国几种主要畜禽粪便的总氨、总磷产生量相当高，仅将猪、牛、鸡的粪便转化为肥料就可节省将近1/3的化肥。生物有机肥采用畜禽粪便经接种微生物复合菌剂，利用生化工艺和微生物技术，彻底杀灭病原菌、寄生虫卵，消除恶臭，对提高作物产量和品质、防病抗逆、改良土壤等具有显著功效。生物有机肥含有较高的有机质还含有改善肥料或土壤中养分释放能力的功能菌，对缓解我国化肥供应中氮、磷、钾比例失调，解决我国磷、钾资源不足，促进养分平衡，提高肥料利用率和保护环境等都有重要作用。

畜禽粪便的饲料化主要利用模式有直接喂养法、青贮法、热喷法、干燥法等。畜禽粪便中含有大量的营养成分，如粗蛋白质、脂肪、钙、磷、维生素 B_{12} 等，经过适当处理后，可杀死病原菌，提高蛋白质的消化率和代谢能，改善适口性，作为饲料来利用。

69. 畜禽粪便可以直接还田吗?

畜禽粪便还田在改良土壤、提高农业产量方面起着重要的作用。粪便直接还田作肥料是一种传统的、经济有效的粪污处置方式，可以在不外排污染的情况下，充分循环利用粪污中有用的营养物质，提高土壤中营养元素含量，提高土壤肥力，提高农作物的产量。同时，粪便可以通过土壤的自净作用得到处理，节省了粪便的处理费用。因此，凡是周围有农田的养殖场，都宜尽最大可能将畜禽粪便及污水就地用于农田，这样才能实现以较少的投入达到较大的生态、社会和经济效益。

70. 粪便不合理使用会产生哪些问题？

粪便不合理使用会造成氮、磷的流失，成为农业面污染源；不恰当的粪便贮存会导致臭气散发到大气中，影响居民生活。

71. 粪便还田应做好哪些防护措施？

在施用粪便的过程中由于降雨和灌溉会向水体环境无序排放N、P元素和有机质等物质，引起严重的水体污染。加之粪便的不当施用不自觉地造成了严重的农业面源污染，损害了生态环境质量。所以，必须合理采用措施控制畜禽粪便释放面源污染物：①规范养殖污染管理；②提高畜禽粪肥的还田利用率；③畜禽粪便资源商品化；④发展有机农业。

72. 什么是堆肥技术？

依靠自然界广泛分布的细菌、放线菌、真菌等微生物，人为地促进可生物降解的有机物向稳定的腐殖质生化转化的微生物学过程叫作堆肥化。堆肥化的产物称为堆肥。堆肥过程可以简单用以下反应式表达：

$$\text{新鲜的有机废物} + O_2 \xrightarrow{\text{微生物代谢作用}} \text{稳定的有机残渣} + CO_2 + H_2O + \text{能量}$$

堆肥工艺有许多种类型，根据堆肥过程中对氧气需求的不同，可将其分为好氧堆肥和厌氧堆肥。与传统的厌氧堆肥相比，好氧堆肥具有发酵周期短、占地面积小等优点。

堆肥工艺过程可分为前处理、一次发酵、中间处理、二次发酵、后处理、脱臭及贮存等工序。其工艺流程见下图。

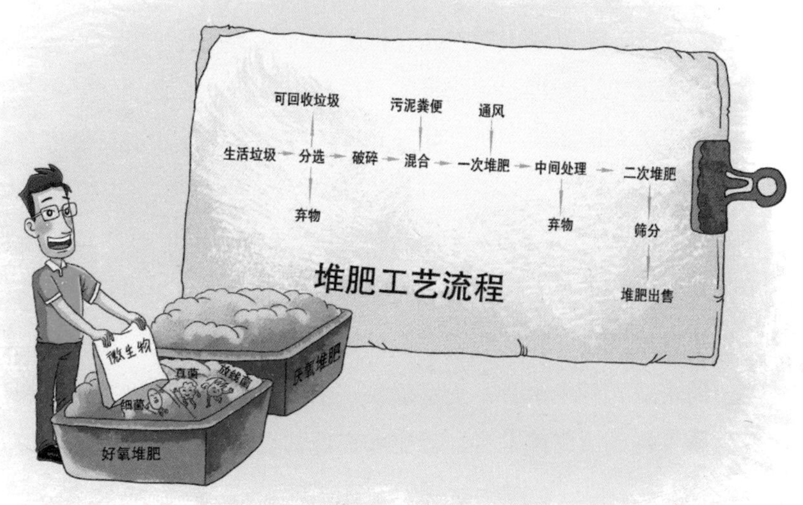

73. 堆肥技术有哪些好处？

堆肥化处理是一种新型、高效的生物修复技术，利用垃圾中的有机成分进行堆肥是一种资源化的垃圾处理方式，不仅可以处理有毒有害物质，还可以实现固体有机废物（包括有机垃圾、粪便、污泥、农林废物和泔脚等）的无害化、资源化，同时堆肥产品又为农家提供了优质的有机肥料，所以堆肥处理具有保护环境和提高经济效益的双重意义。

堆肥的优点主要包括土壤改良、生产可出售的产品、改善粪便处理、提高土地利用、降低污染和卫生风险、杀死病原菌、使用堆肥作垫料替代物、抑制病害以及获得处理或倾倒费等。堆肥可以减轻粪便的重量、减少水分，提高活性，便于处理，并在没有臭气和苍蝇的问题下得到很好的贮存，堆肥和粪便都有肥料价值，都是良好的土壤改良剂。堆肥可以使粪便中的氮素转变为更加稳定的有机氮；堆肥过程产生的热量可以减少粪便中杂草种子的数量。已经发现良好的堆肥可以在不使用化学药物控制的情况下减轻植物的土传染病害。堆肥的这种抑制病害的特点已经开始被广泛地认识和认可。

74. 堆肥过程中需要注意哪些事项？

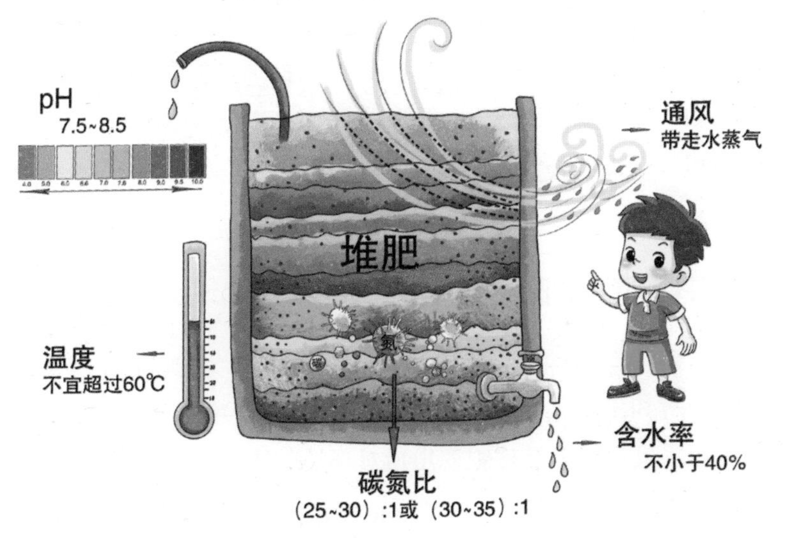

控制好堆肥的影响因素是十分重要的，但我们不可能对所有的影响因素进行控制。其中的几种主要因素是我们的控制目标。

（1）含水率。堆肥时，微生物依赖溶解于水的养料生存。当水分过多时，会使堆层中的氧传递受到影响，而过低则妨碍微生物生长，无论什么堆肥系统，水分均应不小于40%。

（2）通风。通风是堆肥过程中重要的控制条件。通风除可向堆肥中的好氧微生物供氧以外，还可起到带走水蒸气从而干化物料的作用。

（3）温度。温度是影响微生物生长的重要因素。一般认为最适宜的堆肥温度为 55 ～ 60℃，不宜超过 60℃。否则，会对微生物生长活动产生抑制作用。

（4）碳氮比。就微生物对营养的需要而言，碳氮比是一个重要因素。碳是细菌的能源，而氮则被细菌用来细胞繁殖。碳氮比过高会导致成品堆肥的碳氮比过高，施肥时容易导致氮饥饿；碳氮比过低，则细菌会将多余的氮转化为氨，造成氮损失。一般认为初始碳氮比为（25 ～ 30）：1 或（30 ～ 35）：1 较为适宜。

（5）pH。pH 随时间和温度的变化而变化，一般认为 pH 为 7.5 ～ 8.5 时，可获得最大堆肥速率。

75. 怎样判断堆肥完成了？

判断堆肥是否完成主要看的是堆肥的腐熟度。堆肥腐熟度是反映有机物降解和生物化学稳定度的指标。腐熟度判定对堆肥工艺和堆肥产品的质量控制以及堆肥使用后对环境的影响都具有重要意义。腐熟度指标通常可分为三类：物理学指标、化学指标和生物学指标。

（1）物理学指标：温度、气味、色度及残余浊度和水电导率等。腐熟堆肥的特征是温度接近环境温度，具有土壤气味，呈黑褐色或黑色等。

（2）化学指标：挥发性固体（VS）含量、淀粉含量、pH、水溶性碳（WSC）等。腐熟堆肥 VS 降解 38％以上，产品中 VS ＜ 65％，堆肥产品中不含淀粉，pH 为 8 ～ 9，WSC 含量小于 6.5 g/kg。

（3）生物学指标：呼吸作用比耗氧速率等。腐熟堆肥的这一特征参数为比耗氧速率小于 0.5 mgO_2/（gVS·h）。

单一指标都从某一方面反映了堆肥腐熟的程度，但由于有机物降解过程的复杂性，单一指标无法全面反映实际堆肥过程的腐熟特征，需要把各指标综合起来才能更真实地反映堆肥的腐熟程度。

76. 堆肥化处理粪便能挣多少钱？

以哈尔滨市粪便无害化处理厂为例证明。

该厂将粪便进行机械脱水，脱水粪渣添加麦壳或玉米秸经两次好氧堆肥处理，添加无机肥料生产有机复合；采用粪水厌氧消化生产液体肥料的工艺对粪便进行资源化利用，产生的臭气通过除臭装置吸收。该工程改善了当地的污染状况并创造了经济效益。处理厂每年处理粪便 50 000 t，生产堆肥成品 1 500 t。若销售粗堆肥，市场售价 200 元/t，共 30 万元，加之收取粪便所获卫生费 20 万元，共 50 万元，仅够处理厂运行费用。若与无机肥料及其他添加剂配合制粒，可生产含氮、磷、钾养分总量 20 % 的有机复合颗粒肥 5 000 t，市场售价 900 元/t，生产成本 700 元/t，每吨盈利 200 元，年获利 100 万元，加上收取的卫生费 20 万元，8 年可收回 900 万元的投资。若改进配方，生产高档花卉肥，售价 4 000 元/t，则每吨可获利 2 000 元。

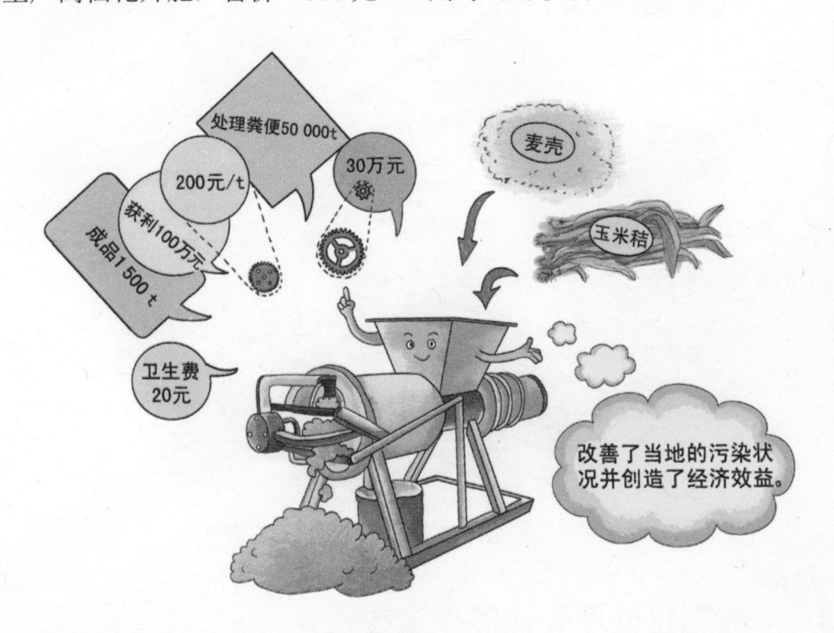

77. 什么是厌氧产沼气技术？

厌氧发酵是借助微生物在无氧条件下的生命活动制备微生物菌体本身，或其直接代谢产物或次级代谢产物的过程。沼气产生的过程分为三个阶段，示意如下：

> 厌氧发酵是借助微生物在无氧条件下的生命活动制备微生物菌体本身，或其直接代谢产物或次级代谢产物的过程。

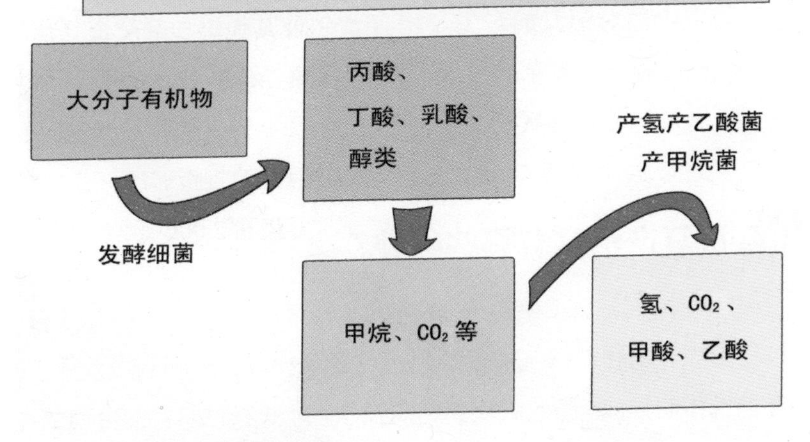

第一阶段为水解、酸化阶段。大分子有机物在发酵开始阶段，由厌氧微生物分泌的各种酶逐渐将大分子有机物分解为单糖，然后再经过一系列的厌氧发酵生成乙醛、丁酸、丙酸等小分子物质。此时由于大量小分子酸的生成，造成系统中 pH 降低，系统中 pH 降低又加快了酸水解的速度，加快了水解酸化阶段的反应速度。

第二阶段为产氢产乙酸阶段。在这个阶段起主导作用的菌有两种，一种是专性产氢产乙酸菌，另一种是同型产乙酸细菌。前者将第一阶段的产物进行氧化分解作用，生成 H_2、HCO_3^-、CH_3COOH 等物质。后者直接将 H_2、HCO_3^- 转化成 CH_3COOH。在厌氧发酵的第二阶段，随着大量有机酸的分解、系统中 pH 回升，为甲烷菌的生理活动提供了良好的环境基础，同时兼有乙酸（合成甲烷的关键物质）的生成，使得下步反应正常进行。

第三阶段为甲烷化阶。在这个阶段，产甲烷菌起主导作用，由于厌氧系统中产甲烷菌的种类繁多，甲烷的生成也分为两个形式，一种是甲烷菌利用乙酸，直接将乙酸分解为甲烷和CO_2，另一种是利用乙酸和CO_2，生成甲烷。

尽管现阶段对沼气的产生过程有了全面的认识，但是沼气厌氧发酵过程始终是一个复杂的过程，夹杂各种酶反应，如何更全面地认识沼气厌氧发酵还有待研究。

78. 厌氧产沼气有哪些好处？

厌氧产沼气，既具有经济效益，又具有生态效益和社会效益。农村利用废弃秸秆产沼气加以利用可以提高能源转换和利用效率，减少有害气体的排放；降低眼疾和肺病发生，降低农村妇女的劳动强度，提高农村居民生活品质；沼气不仅能够作为一种很好的清洁燃料供生活所用，同样沼气还能作为一种动力能源；沼渣可用于农业肥料改善土壤环境，提高土壤肥力，减少虫卵和有害细菌的传播。

79. 沼液有哪些用途？

沼液中含有丰富的营养物、矿物质和有机质，在我国农村普遍作为肥料还田。沼液还田不仅可以减少化肥的施用、增加土地肥力，并且操作简单、费用低。此外，沼液还可用作叶面肥、浸种剂和饲料添加剂等，通常具有提高产量、预防病虫害和促进生长等作用。

（1）沼液直接用作生物有机肥料。

沼液经过加水稀释后可直接用于农作物、果树、花卉及经济作物等植物上。由于沼液兼具速效缓效功能，能够在一定时期内满足作物的生长需求，且不含其他化学成分，所以在无公害有机食品申请、生产方面具有得天独厚的优势。沼液同时也可以配合化肥施用，既可以达到较好的肥效作用，也可以减少化肥的使用量，从而降低农业生产投入、促进农业增产增收。

（2）浓缩后用作叶面肥喷施。

沼液虽然含有较丰富的营养物质，但其含水量较高（大于97%），使得沼液运输成本高、难以远距离销售，因此在推广应用上困难重重。所以，沼液综合利用主要以浓缩、减量化为主，使其营养成分得到有效浓缩，体积大大减小，方便沼液的推广销售。

80. 沼液还田有哪些风险？

不同沼气工程沼液浓度不尽相同，沼液成分也尚不明确，因此，沼液还田存在着很大的问题和风险。对经常施用沼液的土壤进行测定，发现土壤中铜、锌含量明显升高，虽未造成重金属超标，但表明农田生态系统长期施用沼肥仍存在污染风险。

沼液还田与简单的沼液灌溉不同，沼液还田要在作物忍受范围内尽可能多地消纳沼液，以减少沼气工程处置沼液的农田配置面积及沼液输送等消解成本。虽然土壤—植物系统对沼液中的有机污染物及金属元素具有较强的净化作用，在一定限度或痕量范围内不会对土壤造成污染，但现实的问题是，由于缺乏相应的沼液还田标准，长期大量使用沼液还田，使得土壤中的有机污染物及重金属含量超过了土壤吸持能力，引起土壤污染。且单一使用沼液难以实现土壤养分的均衡供应，需与化肥一起使用。

> 不同沼气工程沼液浓度不尽相同，沼液成分也尚不明确，因此，沼液还田存在着很大的问题和风险。对经常施用沼液的土壤进行测定，发现土壤中铜、锌含量明显升高，虽未造成重金属超标，但表明农田生态系统长期施用沼肥仍存在污染风险。

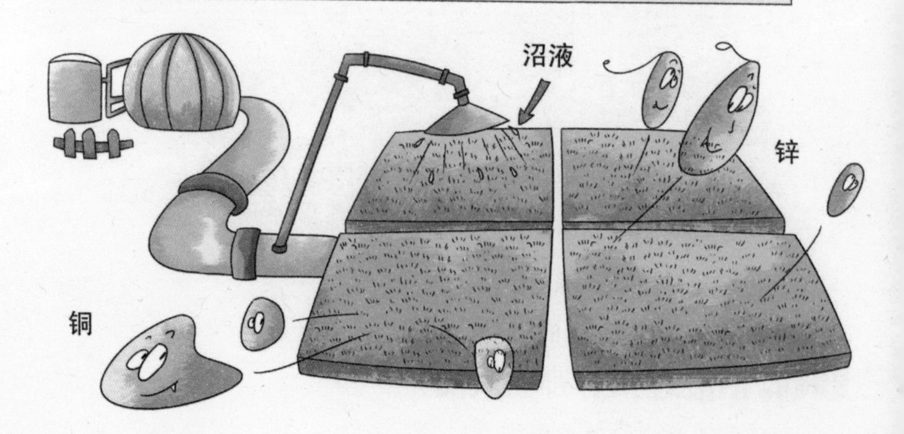

81. 沼渣有哪些用途?

沼渣是厌氧发酵的残留物，由于其富含营养物质及微量元素，对动植物的生长发育和抗病能力的提高有显著作用，因此已在农业、畜牧业、养殖业等方面得到广泛应用。

（1）沼渣含有有机质、腐殖酸，能起到改良土壤的作用。

（2）沼渣含有氮、磷、钾等元素，能满足作物生长的需要。

（3）沼渣中仍含有较多的沼液，其固体物含量在20%以下，其中部分未分解的原料和新生的微生物菌体，施入农田会继续发酵，释放肥分。因此，沼渣在综合利用过程中，具有速效、迟效两种功能。

（4）沼渣含有大量的有机质和植物生长所需的营养元素，是优质的有机质肥料。其所含的微量生长素、水解酶、腐殖酸、B族维生素及有益菌等活性物质，可对农作物起到抗病杀菌的作用，防止病害和虫害的发生。

沼渣在生产中主要用于种植粮、育秧、苗木培育的基肥，还可用于生产食用菌、养鱼、养黄鳝、养泥鳅、养蚯蚓等。

82. 厌氧发酵的注意事项有哪些？

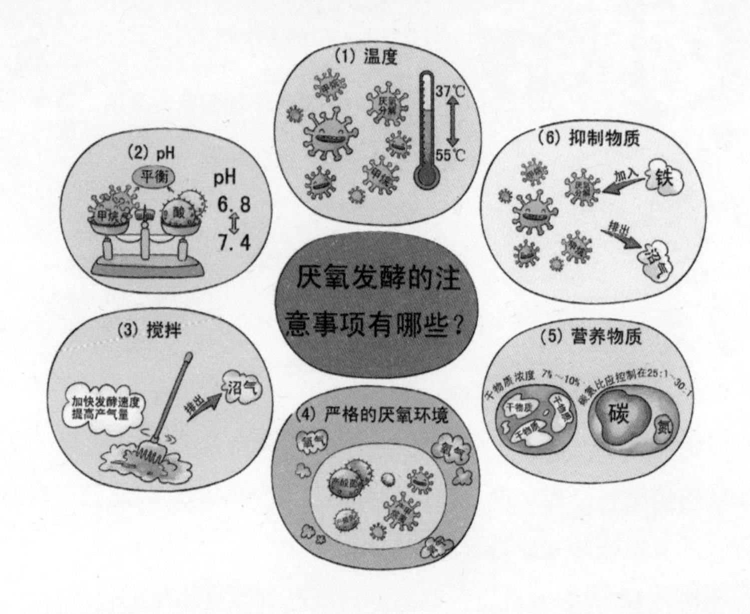

（1）温度：主要是影响微生物酶活性。一般认为，当厌氧温度处于 37 ～ 55℃（±2℃）时，细菌具有最大生物活性，厌氧分解和产甲烷的速度最快。

（2）pH：直接影响消化过程和消化产物。厌氧处理中为了维持产酸和产甲烷之间的平衡，反应的 pH 最好为 6.8 ～ 7.4。

（3）搅拌：使发酵体系中物料和温度分布均匀，增加物料与微生物的接触，加快发酵速度，提高产气量。防止局部出现酸积累，促使沼气迅速排出。

（4）严格的厌氧环境：产酸菌和产甲烷菌两大类厌氧性细菌是严格厌氧菌，少量的氧气就会对其有毒害作用。所以，为厌氧细菌的生命活动创造适宜的厌氧环境是厌氧消化顺利进行的关键。

（5）营养物质：原料的种类、浓度及碳氮比对发酵都有一定的影响，一般控制发酵原料的干物质浓度以 7% ～ 10% 为宜，最佳的碳氮比应控制在 25 ∶ 1 ～ 30 ∶ 1。

（6）抑制物质：厌氧消化中由于含有氧化态硫化合物很容易被还原为硫化氢，对产甲烷细菌产生很强的毒性，在消化过程中投加某些金属如铁去除 S^{2-}，使硫化物的抑制作用有所缓解。

83. 厌氧产沼气可以挣钱吗？

沼气使用带来的经济效益分为直接经济效益和间接经济效益：直接经济效益主要从沼气的燃料效益和沼肥利用效益两个方面进行分析；间接经济效益一般从节约劳动力成本、“三沼”综合利用等方面进行评价，如以下几个方面：

能源替代效益：沼气能够有效减少原煤、液化气、电力等商品能源以及薪柴、秸秆等非商品能源的使用。

养殖业效益：发酵残留物沼液含有丰富的蛋白质、矿物质和动物生长所必需的氨基酸、维生素等，能够促进动物的生长发育，增加食欲，增强免疫，提高饲料利用率。

种植业效益：沼渣中含有丰富的矿物质、微量元素及有机质，能够刺激作物生长繁殖，改良土壤，增强植物的抗冻抗旱能力。

生产投入减少：沼液、沼渣含有抑菌和提高植物抗逆性的抗菌素等有效成分，可用于农作物施肥和防治农作物病虫害，提高植物的抗逆性，从而减少化肥和农药的使用。可减少 20% 以上的农药和化肥施用量。

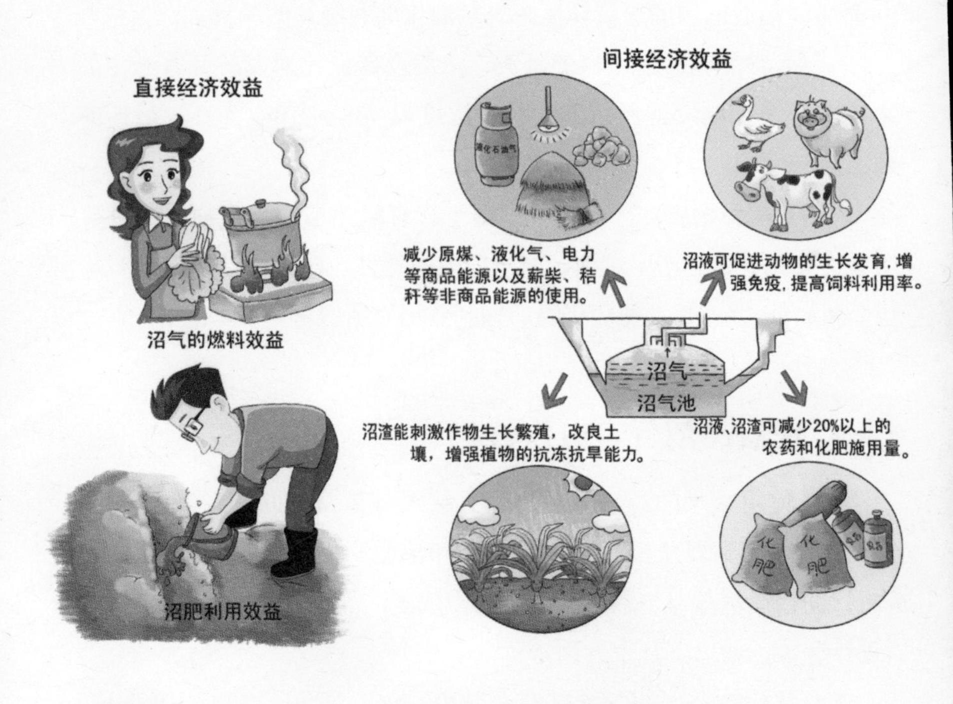

84. 厌氧沼气技术处理粪便能挣多少钱？

假如建设一口 8 m^3 的国标曲流布料沼气池，需要水泥 1.5 t、公分石 3.5 m^3、砂子 2.5 m^3、钢材 20 kg、涂料 2 kg。按照北京市目前的招标采购价，共计需要投入 1 500 元，沼气灶具按每套为 200 元计算。每口沼气池使用寿命为 15 年，灶具及其配件使用寿命 5 年，加上平时养护和易损件的购置等，年平均成本不超过 200 元。根据数据调查，8 m^3 国标曲流布料沼气池年产气量约为 450 m^3，由于沼气没有市场价，采用替代等量燃料的价值进行计算。沼气的热值约等于液化石油气的一半（即 2 m^3 沼气相当于 1 kg 液化气），按目前北京市液化石油气市场售价 9.6 元 /kg 计算，450 m^3 沼气折合 2 160 元。扣除成本后价值为 4.35 元 /m^3。按此折算，相当于每年增加 105 855.55×10^4 kg 天液化石油气供应量，年产生直接经济效益为 92.09 亿元，若加上节约农民砍柴的人工费等，经济效益更佳。

85. 还有其他将粪便变为“宝贝”的方法吗？

热解化技术包括气化技术、加压液化技术和热解技术 3 种方式。热解气的主要成分是 H_2、CH_4、CO、CO_2 及少量 C_2H_4 和 C_2H_6 等。这些为生物能源的开发提供了可能。

作为乙醇化的原料，牛粪含有丰富的纤维素，其含量为 22%，半纤维素含量为 12.5%。将牛粪中的纤维素处理后再转化为糖，可进一步发酵生成酒精。

发酵制氢气，粪便可以作为产氢过程中调节 pH 稳定的缓冲剂，可以为产氢过程提供营养源，也可以作为提高氢气产量的辅助剂。

粪便肥料化，通过高温好氧堆肥使有机物矿质化、腐殖化和无害化，从而变成腐熟肥料。

86. 如何用牛粪制备型煤和活性炭？

型煤制备：型煤是牛粪与煤粉按照一定的比例混合，加入一定量的固硫剂、黏结剂，放入搅拌器中搅拌均匀，放入成型机中在一定压力条件下成型。一般认为，牛粪和煤在小于 4 ∶ 6 的比值混合时含硫量低于原煤。牛粪制备型煤一方面解决了燃煤能源的短缺问题，另一方面减轻了燃煤所带来的 SO_2 气体的污染问题。

活性炭制备：在牛粪中加入少量的木屑，采用磷酸为活化剂，在适当温度下活化一定时间即制得活性炭。一般认为活化温度 450 ～ 500℃、时间 90 ～ 105 min 活性炭吸附性能最好。

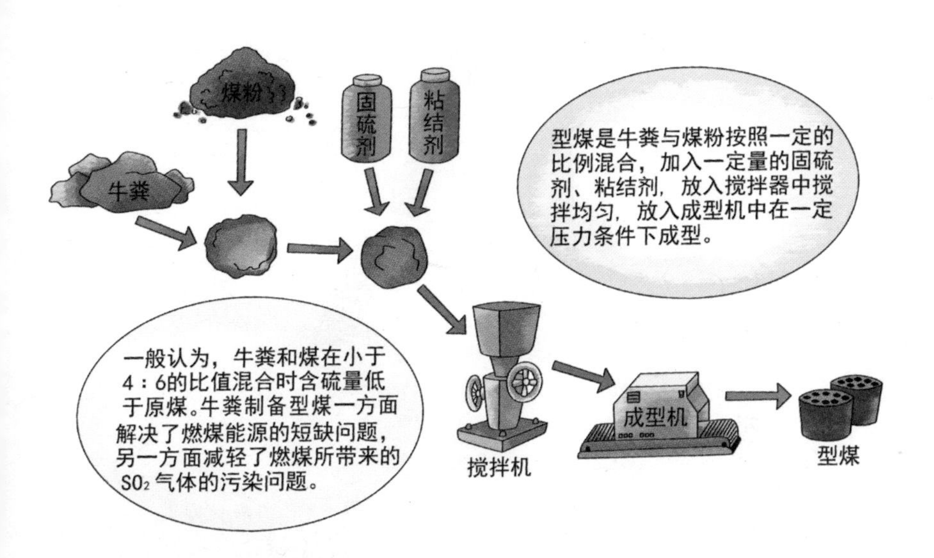

87. 如何利用牛粪养殖蝇蛆和蚯蚓？

将新鲜牛粪投入粪池中，加入养殖菌液发酵和降低粪便臭味。发酵好后送入蝇蛆养殖房，成千上万的苍蝇就云集在粪上产卵，卵块经过 8 ～ 12 h 孵化成小蛆，小蛆经 2 ～ 3 天长大，长大后的蛆自动爬出粪堆，走进预定的收蛆桶中。

把养过蛆的粪加入 40% ～ 60% 的草料或垃圾等物，再用养殖菌液有效微生物进行堆制发酵，发酵后养殖蚯蚓。蚯蚓养成成品后，把蚯蚓连同基料放在光源较强的地方（自然光线即可，不一定需太阳光），蚯蚓就会自动缩成一团，取出即可。一般每吨粪料可养殖蚯蚓 60 kg，廉价的蝇蛆和蚯蚓用来投喂各种经济动物。新鲜的禽畜粪料不能直接用来养蚯蚓，新鲜牛粪晒至三成干可直接用来养蚯蚓。

88. 如何用牛粪制作牛床垫料？

制作牛床垫料的牛粪一般要先经过好氧高温一次发酵工艺进行无害化处理，具体工艺为：新鲜牛粪（含水率80%）经固液分离后（含水率50%）堆放成高度为1.2～1.3 m的堆体，然后进行20天左右的好氧发酵，确保完全杀死牛粪中的蛔虫卵、病原菌、草籽等生物。发酵时加入适量的菌剂，能够促进木质素、纤维素的降解，且加快发酵达到高温的时间，延长高温持续时间。好氧堆肥每3天进行一次翻堆（依堆温而定）。经堆肥发酵后的牛粪含水率降低到50%左右就可作为牛床垫料使用。

89. 用牛粪制作牛床垫料具有哪些优点?

从经济角度上看，牛粪制作牛床垫料省去了购买其他牛床垫料的费用，节省了开支，同时由于牛粪制作的牛床垫料无臭、无病菌、松软而干燥，为奶牛提供了一个舒适卫生的休息环境，从而增加了奶牛上床率，提高了产奶量，增加了收益。

从环境角度上看，新鲜的牛粪直接排入环境中容易发生厌氧发酵，产生有机酸，同时大量消耗土壤中的氧分，破坏土壤结构。牛粪在好氧发酵处理后制成牛床垫料减少了向环境中排放污染物，部分实现了“变废为宝”的理念，牛床垫料余下的牛粪还可以施入田地，改良土壤，增加农田产量。

90. 如何利用畜禽粪便种植蘑菇?

各种畜禽粪便均可以栽培蘑菇，较好的是马粪和牛粪。猪粪、家禽粪因养分速效，出菇后劲不足而不能单独使用，一般每平方米畦面备粪、草各 20 ～ 25 kg，再按粪草的总重量加入 0.8% ～ 1.0% 的尿素、0.5% ～ 1% 的过磷酸钙、1.5% 的石膏粉、1% ～ 2% 生石灰等进行堆制，堆体高度达 1.5 m、宽 1.5 ～ 2 m，长度可随场地情况而定。粪草堆好后自行发酵升温，过 4 天进行第一次翻堆，加入石膏和磷肥。过 3 天进行第二次翻堆，加入石灰，中和发酵产生的酸。过 5 天第三次翻堆，再过两天最后一次翻堆，同时在料面喷洒 0.5% 的敌敌畏和 1.0% 的甲醛，2 天后即可使用。经堆制后的培养料呈红褐色，其中纤维疏松柔软，易断，无氨味、臭味和霉味，含水 56 % ～ 60 %。

培养料进床前先在棚内地面洒 1% 的甲醛和 0.5% 的敌敌畏消毒杀虫，料进床后再以同种农药喷洒密闭消毒 1 夜，第二天翻料接种。每平方米可收菇 7.5 kg，高产的农户可收菇 15 kg/m^2。

91. 畜禽养殖与生态农业有什么关系？

从畜牧养殖上来讲，畜牧业作为生态农业的一部分在整个生态经济循环体系中发挥着重要的作用。

生态农业将农业生态系统同农业经济系统综合统一起来，形成了一个农业生态经济复合系统。利用传统农业精华和现代科技成果，通过人工设计生态工程，协调发展与环境之间、资源利用与保护之间的矛盾，形成生态上与经济上两个良性循环，经济、生态、社会三大效益的统一。

生态农业也是农、林、牧、副、渔各业综合起来的大农业，又是农业生产、加工、销售综合起来适应市场经济发展的现代农业。从畜牧养殖上来讲，畜牧业作为生态农业的一部分在整个生态经济循环体系中发挥着重要的作用。粮食喂养禽畜，禽畜粪便成肥还田改良土壤结构、提高土壤肥力，实现的是一个小生态循环。而从经济和社会效益上来讲，应依附于生态农业发展以畜禽为中心，包括生态动物养殖业、生态畜产品加工业和废弃物（粪、尿、加工业产生的污水、污血和毛等）无污染处理业的文明、和谐、可持续发展的生态畜禽养殖。

92. 畜禽养殖废弃物处理能与种田结合在一起吗？

畜禽养殖废弃物处理与种田相结合是一个循环的过程。种田得到的稻秆、玉米秆等作为反刍动物的草料的同时，还可以作为粪便废弃物的填料，进行有机肥的制备。畜禽养殖废弃物中含有大量的有机营养物质，含氮量较大，堆置出的肥料能够促进作物的快速生长，但是后劲儿不足，而将农田秸秆加入粪便中，既可以调节粪便的碳氮比、含水率，增加通气孔隙，又可以为秸秆提供外源微生物，加快堆肥腐熟，减少秸秆直接还田腐熟所用的时间。这种综合利用畜禽废弃物与秸秆的方式既可以提高土壤肥力，增加作物产量，又减少了养殖业以及农业废弃物对环境的污染。

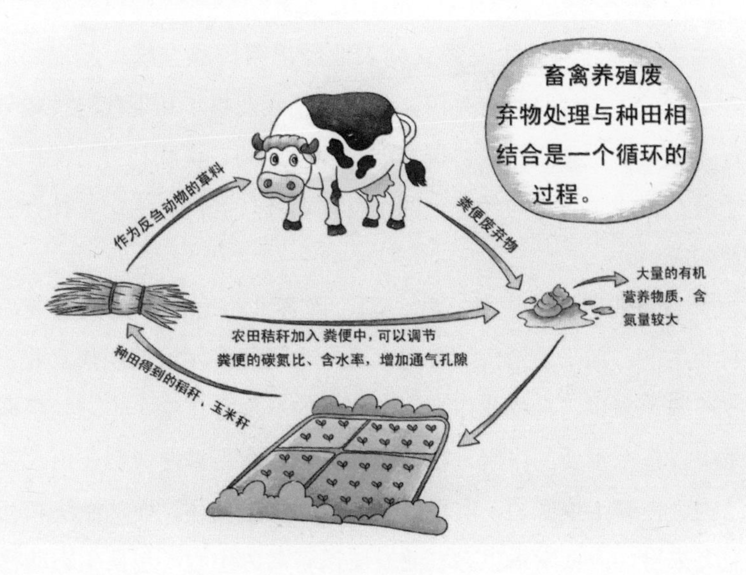

93. 畜禽养殖废弃物处理与种田结合的好处有哪些？

从环境角度来讲，废弃物的随处堆放对环境造成的危害是巨大的。未经处理的废弃物直接排放到环境中会产生大量的酸类物质、病原菌以及难闻气体污染地下水、湖泊、土壤以及大气。影响人类饮水、土地利用，甚至身体健康。而经过堆肥、填埋等方式处理的废弃物已经无害化并达到腐熟标准，施入农田中可以改善土壤结构，降低施用化肥对土壤的危害，降低重金属以及其他有机污染。

从经济角度上讲，废弃物的合理化利用不但减少了化肥的使用，节约了农业投入，还为作物提供较化肥丰富的营养物质，能更大限度地提高作物产量，增加农民的经济收入。同时，经过处理的废弃物不仅仅可以用来种植作物，还可以应用于养殖业，如用牛粪制作牛床垫料，厌氧处理后的沼渣、沼液可以作为饵料等。

94. 什么是猪－沼－果模式？

“猪－沼－果”模式在传统种养方式的转化循环中嵌入沼气池，在池内放进沼气菌群，人畜粪便进入沼气池以后，在缺氧环境和一定温度、湿度和酸碱度条件下，这些菌群为了自身的生存和繁育，逐步地将粪便中的碳水化合物、蛋白质和脂肪等有机物分解成为沼气、沼液和沼渣。沼气池将一系列复杂的生化反应过程集聚在一起，加快了反应速率，提高了分解效率，并收集、储存、输送沼气，用于家庭烧饭照明，使传统种养模式中散失掉的生物质能得到充分的利用。沼液中含有丰富的氮、磷、钾、钠、钙营养元素，基本上可以直接被作物吸收；沼渣中除沼液中所含的营养物质外，还有腐殖酸、沼气菌等，大部分可直接被作物吸收，仅少量残余的有机质还要经土壤中的微生物分解，比传统施肥方式所流失的养分要小得多，氮、磷损失仅分别为 5% 和 2% 左右，对环境污染减轻很多。

“猪－沼－果”模式的具体做法是：一家农户将厕所、猪栏和沼气池结合在一起，养猪 4 ～ 6 头，种植果树 10 hm^2 左右；人畜粪便在沼气池发酵，产生的沼气用作家庭能源；沼液和沼渣作为果树、粮食的肥料。这一模式根据经济作物不同，衍生出了“猪－沼－菜”“猪－沼－鱼”“猪一沼－油”等模式。

CHUQIN YANGZHI WURAN FANGZHI

畜禽养殖污染防治 ZHISHI WENDA 知识问答

第五部分
畜禽养殖污染管理

95. 有哪些针对畜禽养殖污染防治的法律法规？

畜禽养殖污染防治相关法律法规有：《中华人民共和国环境保护法》《中华人民共和国水污染防治法》《中华人民共和国固体废物污染环境防治法》《中华人民共和国大气污染防治法》《中华人民共和国畜牧法》。其中，专门针对畜禽养殖废弃物处理的法律法规有《畜禽规模养殖污染防治条例》《畜禽养殖污染防治管理办法》《畜禽养殖业污染物排放标准》（GB 18596—2001）、《畜禽养殖业污染防治技术规范》（HJ/T 81—2001）和《畜禽养殖业污染治理工程技术规范》（HJ 497—2009），其余还有地方性法律法规等。

96. 畜禽养殖污染有哪些技术政策？

国家鼓励、支持畜禽养殖废弃物集中化、专业化处置。鼓励发展大型专业化、集中式畜禽废弃物处理处置工厂，实现畜禽废弃物的集中处理与规模化利用。鼓励发展规模化畜禽养殖废弃物的集中堆肥利用和能源利用。

国家鼓励建设以处理畜禽养殖废弃物为目的的有机肥生产厂，提高有机肥生产技术水平，生产高肥效、高附加值的商品复合有机肥。

国家鼓励畜禽散养户积极发展生态养殖，散养畜禽产生的粪便应单独收集、及时清理，产生的畜禽粪污经无害化处理后应就地还田利用。

97. 畜禽养殖污染有哪些排放标准？

畜禽养殖业环保标准有国家《畜禽养殖业污染物排放标准》《畜禽养殖业污染治理工程技术规范》、浙江省《畜禽养殖业污染物排放标准》，以及广东省《畜禽养殖业污染物排放标准》

目前，我国有关畜禽养殖业的环保标准有《畜禽养殖业污染物排放标准》（GB 18596—2001）、《畜禽养殖业污染治理工程技术规范》（HJ

497—2009）、《畜禽养殖业污染防治技术规范》（HJ/T 81—2001）、浙江省《畜禽养殖业污染物排放标准》（DB 33/593—2005），以及广东省《畜禽养殖业污染物排放标准》（DB 44/613—2009）。从内容方面看，排放标准涵盖了五日生化需氧量（BOD_5）、化学需氧量（COD）、悬浮物、氨氮、总磷、粪大肠菌群数以及蛔虫卵数目。

98. 我国对畜禽养殖污染有哪些控制措施？

我国针对畜禽养殖污染的防治及其相关法规建立始于 1999 年。原国家环境保护总局在 1999 年发文要求各级环保部门抓紧制定畜禽养殖污染的相关法规和标准，同时加强对畜禽养殖污染的监督，控制相关污染物的排放。后来，原国家环保总局颁发了一系列关于要求畜禽养殖污染物达标排放的管理办法和技术规范，如《畜禽养殖污染防治管理办法》《畜禽养殖业污染物排放标准》《畜禽养殖业污染防治技术规范》等。而最新的则是环保部于 2009 年发布的《畜禽养殖业污染治理工程技术规范》，针对集约化畜禽养殖场（区）污染治理工艺流程的技术要求做出了相应的规定。畜禽养殖污染防治的相关法规除在污染治理方面做出原则性规定外，还需在养殖承载力、跨介质污染、粪污 / 沼肥在农田的施用量等方面进行规定。

农业部门建议，畜禽养殖场、畜禽养殖小区、畜禽散养密集区若周边拥有的农田可消纳其全部粪肥，可采用“自然堆积发酵工艺”生产粪肥，或者采用“高温好氧堆肥工艺”生产有机肥的方式进行无害化处理。养殖场和种植方应签订粪肥使用协议，以确保粪肥和有机肥全部还田利用。

农业部门建议，适宜发展农户沼气的地区，可将散养畜禽粪便投放于沼气池，进行厌氧发酵，产生的沼气作燃料，沼渣和沼液作农肥。

农业部门规定，向农田灌溉渠道排放畜禽养殖污水，应当保证其下游最近的灌溉取水点的水质符合农田灌溉水质标准。

农业部门鼓励采取“生物发酵舍”“猪–沼–田”“猪–沼–果”等生态农业模式和生态化养殖方式，按照“种养平衡”的原则，完善沼渣、沼液利用的措施。

99. 国家鼓励采取哪些方式处置畜禽养殖废弃物？

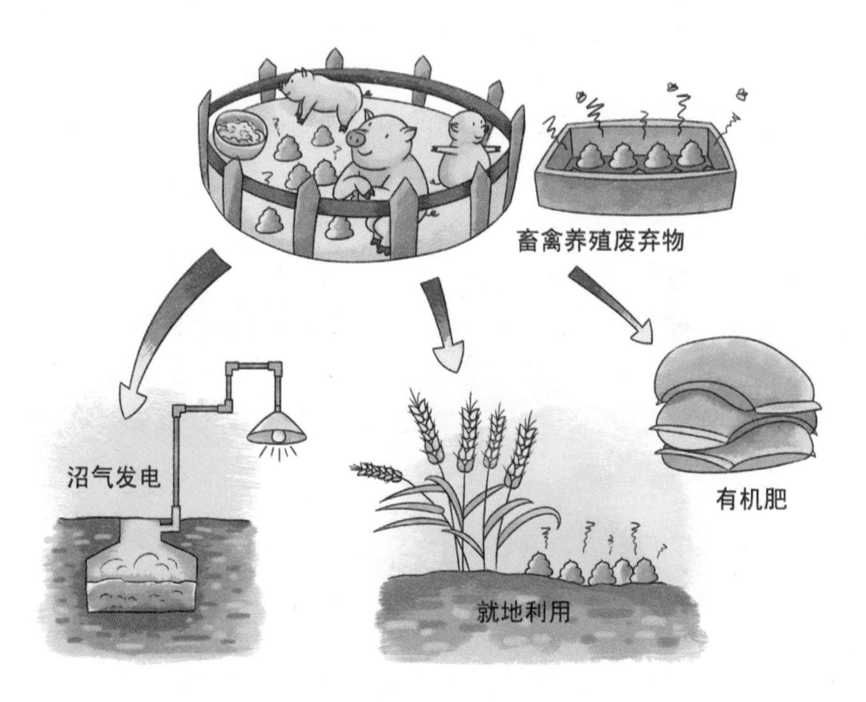

（1）鼓励和支持采取粪肥还田、制取沼气、制造有机肥等方法，

对畜禽养殖废弃物进行综合利用。

（2）鼓励和支持采取种植和养殖相结合的方式消纳利用畜禽养殖废弃物，促进畜禽粪便、污水等废弃物就地就近利用。

（3）鼓励和支持沼气制取、有机肥生产等废弃物综合利用以及沼渣、沼液输送和施用、沼气发电等相关配套设施建设。

100. 哪些区域内禁止建设畜禽养殖场、养殖小区？

根据2013年国务院通过的《畜禽规模养殖污染防治条例》，禁止在下列区域内建设畜禽养殖场、养殖小区：

（1）饮用水水源保护区，风景名胜区。

（2）自然保护区的核心区和缓冲区。

（3）城镇居民区、文化教育科学研究区等人口集中区域。

（4）法律、法规规定的其他禁止养殖区域。

101. 在不准许畜禽养殖的地方养殖会受到什么惩罚？

在禁止养殖区域内建设畜禽养殖场、养殖小区的，由县级以上地方人民政府环境保护主管部门责令停止违法行为；拒不停止违法行为的，处3万元以上10万元以下的罚款，并报县级以上人民政府责令拆除或者关闭。在饮用水水源保护区建设畜禽养殖场、养殖小区的，由县级以上地方人民政府环境保护主管部门责令停止违法行为，处10万元以上50万元以下的罚款，并报经有批准权的人民政府批准，责令拆除或者关闭。

102. 住家附近能建养殖场吗？

养殖场区规划中区分为“三区”，是指禁养区、禁建区和适度养殖区。

禁养区包括：①市中心城市建成区、城市建成区、乡（镇）集镇中心区、城镇居民区、文教科研区、医疗区域；②生活饮用水水源保护区（含村级饮用水水源）、风景名胜区、自然保护区的核心区及缓冲区；③市、县（市、区）、乡（镇）经济技术开发区、工业集中区；④市和县（市、区）人民政府划定的禁止养殖区域；⑤国家或地方法律和法规规定需特殊保护的其他区域。（注：禁养区范围还应根据上级有关规定及当地实际情况作调整。）

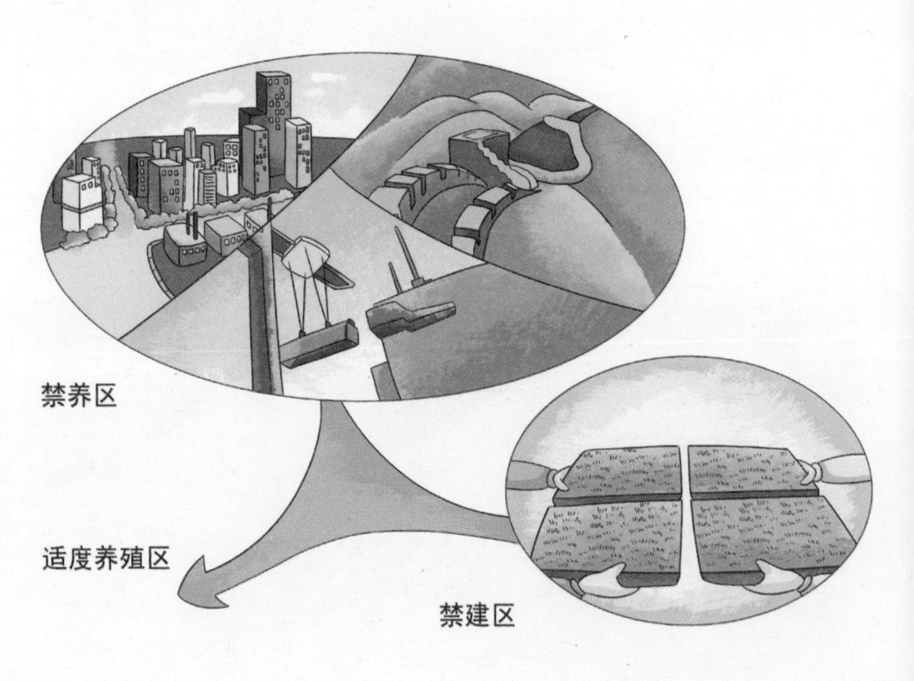

禁建区包括：①市中心城市、县（市）、城市、乡（镇）、集镇规划内除禁养区域以外的区域；②基本农田保护区和生态公益林区。（注：禁建区范围还应根据上级有关规定及当地实际情况作调整。）

此外，养殖场应距离化工厂、皮革、肉制品加工厂、屠宰场等3 km以上，距公路干线、铁路和城镇居民区1 km以上。

如果你家附近不符合以上标准，那么就属于适度养殖区，是可以申报建设养殖场。

103. 新建养殖场是否要审批？

新建、改建、扩建畜禽养殖场、养殖小区，应当符合畜牧业发展规划、畜禽养殖污染防治规划，满足动物防疫条件，并进行环境影响评价。对环境可能造成重大影响的大型畜禽养殖场、养殖小区，

应当编制环境影响报告书；其他畜禽养殖场、养殖小区应当填报环境影响登记表。大型畜禽养殖场、养殖小区的管理目录，由国务院环境保护主管部门商国务院农牧主管部门确定。

104. 兴建养殖场是否要通过环评？

畜禽养殖场、养殖小区依法应当进行环境影响评价。评价的重点应当包括：畜禽养殖产生的废弃物种类和数量，废弃物综合利用和无害化处理方案和措施，废弃物的消纳和处理情况以及向环境直接排放的情况，最终可能对水体、土壤等环境和人体健康产生的影响以及控制和减少影响的方案和措施等。

畜禽养殖场、养殖小区依法应当进行环境影响评价而未进行的，由有权审批该项目环境影响评价文件的环境保护主管部门责令停止建设，限期补办手续；逾期不补办手续的，处 5 万元以上 20 万元以下的罚款。

105. 建设畜禽养殖场、养殖小区需要配套建设哪些环保设施？

畜禽养殖场、养殖小区应当根据养殖规模和污染防治需要，建设相应的畜禽粪便、污水与雨水分流设施，畜禽粪便、污水的贮存设施，粪污厌氧消化和堆沤、有机肥加工、制取沼气、沼渣沼液分离和输送、污水处理、畜禽尸体处理等综合利用和无害化处理设施。

畜禽养殖场、养殖小区应当根据养殖规模和污染防治需要，建设相应的畜禽粪便、污水与雨水分流设施，畜禽粪便、污水的贮存设施，粪污厌氧消化和堆沤、有机肥加工、制取沼气、沼渣沼液分离和输送、污水处理、畜禽尸体处理等综合利用和无害化处理设施。

未建设污染防治配套设施、自行建设的配套设施不合格，或者未委托他人对畜禽养殖废弃物进行综合利用和无害化处理的，畜禽养殖场、养殖小区不得投入生产或者使用。畜禽养殖场、养殖小区自行建设污染防治配套设施的，应当确保其正常运行。

已经委托他人对畜禽养殖废弃物代为综合利用和无害化处理的，

可以不自行建设综合利用和无害化处理设施。

106. 畜禽养殖污染控制环保达标要求有哪些？

畜禽养殖污染控制分为水体污染物、废渣和恶臭气体三部分。

畜禽养殖业废水不得排入敏感水域和有特殊功能的水域。排放去向应符合国家和地方的有关规定。

根据 GB 18596—2001 的规定，集约化畜禽养殖业水污染最高允许日均排放标准为：

控制项目	五日生化需氧量 /（mg/L）	化学需氧量 /（mg/L）	悬浮物 /（mg/L）	氨氮 /（mg/L）	总磷（以 P 计）/（mg/L）	粪大肠菌群数 /（个 /100 mL）	蛔虫卵 /（个 /L）
标准值	150	400	200	80	8.0	1 000	2.0

畜禽养殖业必须设置废渣的固定储存设施和场所，存储场所要有防止粪液渗漏、溢流的措施。用于直接还田的畜禽粪便，必须进行无害化处理。禁止直接将废渣倾倒入地表水或其他环境中，畜禽粪便还田时，不能超过当地的最大农田负荷量。避免造成面源污染和地下水污染。经过无害化处理后的废渣，应符合：

控制项目	指标
蛔虫卵	死亡率≥ 95%
粪大肠菌群数	≤ 10^5 个 /kg

集约化畜禽养殖业污染物恶臭气体排放标准：

控制项目	标准值
臭气含量（量纲一）	70

107. 养猪场（户）污水排放的检查和验收标准是什么？

集约化畜禽养殖业冲水工艺最高允许排水量中，100 头猪每天排放水量的标准为 2.5 m^3（冬季）、3.5 m^3（夏季）。集约化畜禽养殖业干清粪工艺最高允许排水量中，100 头猪每天排放水量的标准为 1.2 m^3（冬季）、1.8 m^3（夏季）。

集约化畜禽养殖业水污染最高允许日均排放标准为：

控制项目	五日生化需氧量/（mg/L）	化学需氧量/（mg/L）	悬浮物/（mg/L）	氨氮/（mg/L）	总磷/（mg/L）	粪大肠菌群数/（个/100 mL）	蛔虫卵/（个/L）
标准值	150	400	200	80	8.0	1 000	2.0

108. 畜禽养殖废弃物未达标排放的会受到什么惩罚？

排放畜禽养殖废弃物不符合国家或者地方规定的污染物排放标准或者总量控制指标，或者未经无害化处理直接向环境排放畜禽养殖废弃物的，由县级以上地方人民政府环境保护主管部门责令限期治理，可以处 5 万元以下的罚款。县级以上地方人民政府环境保护主管部门作出限期治理决定后，应当会同同级人民政府农牧等有关部门对整改措施的落实情况及时进行核查，并向社会公布核查结果。

109. 国家对病死猪处理有何规定？

养猪场病死猪应按无公害生猪标准要求处置，即不宰杀、不准食用、不准出售、不准转运、必须执行无害化处理，病死猪应投入化尸池或深埋、焚烧。

CHUQIN YANGZHI WURAN FANGZHI

畜禽养殖污染防治 ZHISHI WENDA 知识问答

第六部分 公众参与

110. 我们需要关心哪些畜禽养殖污染？

我们需要关心以下畜禽养殖污染：

（1）日常生活中是否能闻到畜禽粪便的臭味。

（2）畜禽养殖场周边水体是否出现浑浊、发臭、蓝藻暴发、鱼类大量死亡等现象。

（3）未经发酵处理的畜禽粪便是否直接进入农田或露天堆放。

111. 周边的养殖场需要公开哪些内容？

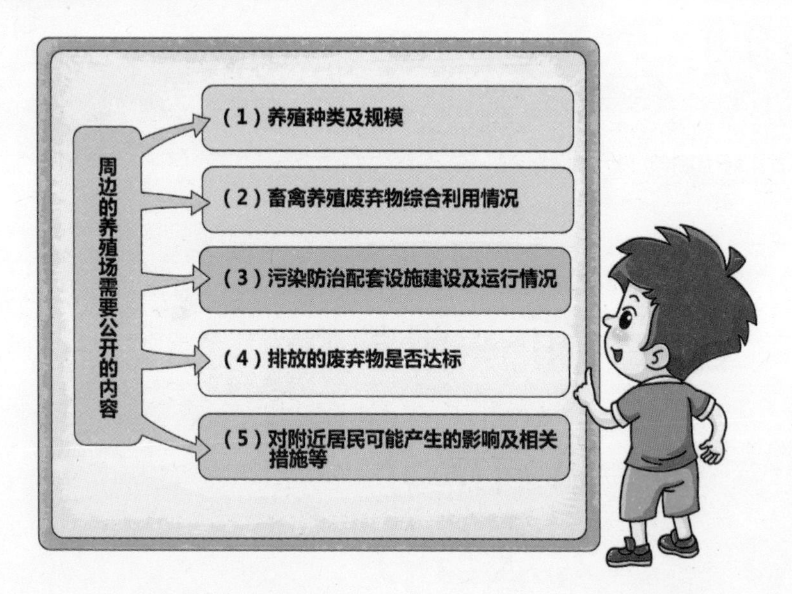

（1）养殖种类及规模。

（2）畜禽养殖废弃物综合利用情况。

（3）污染防治配套设施建设及运行情况。

（4）排放的废弃物是否达标。

（5）对附近居民可能产生的影响及相关措施等。

112. 如何判断周边环境受到的污染是由畜禽养殖造成的？

主要从以下方面判断周边环境污染是否由畜禽养殖造成：①畜禽养殖场建设前是否存在相关环境污染；②畜禽养殖场排放的废弃物是否经过处理并达到相关排放标准。

判断周边环境受到的污染是否由畜禽养殖造成：①畜禽养殖场建设前是否存在相关环境污染；②畜禽养殖场排放的废弃物是否经过处理并达到相关排放标准。

113. 哪些疾病或事件可能与周边的畜禽养殖污染有关？

畜禽粪便经过发酵后会产生大量的氨氮、硫化氢、粪臭素、甲烷等有害气体，有害气体能进入呼吸道，引起咳嗽、气管炎和支气管炎等呼吸道疾病。粪便含有大量的病原微生物和寄生虫卵，如不及时处理就会孳生蚊蝇，使病原菌和寄生虫蔓延，引起人畜共患病的发生。如近年来发生的禽流感、猪流感、手足口病等人畜共患疾病，与畜禽粪便污染造成的恶劣环境不无关系。

114. 我们可以监督畜禽养殖污染吗？

任何单位和个人都可以监督畜禽养殖污染。任何单位和个人对发生的畜禽养殖污染行为，有权向县级以上人民政府环境保护等有关部门举报。接到举报的部门应当及时调查处理。对在畜禽养殖污染防治中做出突出贡献的单位和个人，按照国家有关规定给予表彰和奖励。

监督的内容主要包括：①畜禽养殖废弃物综合利用和无害化处理程度；②畜禽养殖废弃物的消纳和处理情况以及向环境直接排放的情况，最终可能对水体、土壤等环境和人体健康产生的影响。

115. 发现畜禽养殖污染，可以向谁反映？

《畜禽规模养殖污染防治条例》规定：乡镇人民政府、基层群众自治组织发现畜禽养殖环境污染行为的，应当及时制止和报告。发现畜禽养殖污染后，首先应明确具体的投诉对象，明确的事发地点，具体的环境污染和生态破坏的行为，然后可通过以下方式反映：

（1）拨打环保热线“12369”投诉。

（2）向乡镇人民政府反映。

（3）向县级以上人民政府环境保护等有关部门举报。

书号：978-7-5111-2067-0
定价：18 元

书号：978-7-5111-2370-1
定价：20 元

书号：978-7-5111-2102-8
定价：20 元

书号：978-7-5111-2637-5
定价：18 元

书号：978-7-5111-2369-5
定价：25 元

书号：978-7-5111-2642-9
定价：22 元

书号：978-7-5111-2371-8
定价：24 元

书号：978-7-5111-2857-7
定价：22 元

书号：978-7-5111-2871-3
定价：24 元

书号：978-7-5111-0966-8
定价：26 元

书号：978-7-5111-2725-9
定价：24 元

书号：978-7-5111-0702-2
定价：15 元

书号：978-7-5111-1624-6
定价：23 元

书号：978-7-5111-2972-7
定价：23 元

书号：978-7-5111-1357-3
定价：20 元

书号：978-7-5111-2973-4
定价：26 元

书号：
978-7-5111-2971-0
定价：30 元

书号：
978-7-5111-2970-3
定价：23 元

书号：
978-7-5111-3105-8
定价：20 元

书号：
978-7-5111-3210-9
定价：23 元

书号：
978-7-5111-3416-5
定价：22 元

书号：
978-7-5111-3139-3
定价：23 元

书号：
978-7-5111-3138-6
定价：24 元

书号：
978-7-5111-3247-5
定价：23 元

书号：
978-7-5111-3169-0
定价：23 元

书号：
978-7-5111-3246-8
定价：22 元

书号：
978-7-5111-3209-3
定价：28 元